偷学

TOUXUE

富人不说却默默在做的99件事

王 戈◎编著

当代世界出版社

图书在版编目（CIP）数据

偷学：富人不说却默默在做的 99 件事／王戈编著.

—北京：当代世界出版社，2011. 12

ISBN 978 – 7 – 5090 – 0795 – 2

Ⅰ. ①偷…　Ⅱ. ①王…　Ⅲ. ①投资 – 通俗读物

Ⅳ. ①F830. 59 – 49

中国版本图书馆 CIP 数据核字（2011）第 231499 号

书　　　名：偷学：富人不说却默默在做的 99 件事
出版发行：当代世界出版社
地　　　址：北京市复兴路 4 号（100860）
网　　　址：http：//www. worldpress. com. cn
编务电话：(010) 83907528
发行电话：(010) 83908410（传真）
　　　　　 (010) 83908408
　　　　　 (010) 83908409
　　　　　 (010) 83908423（邮购）
经　　　销：新华书店
印　　　刷：北京京海印刷厂
开　　　本：710 毫米 ×1000 毫米　1/16
印　　　张：16
字　　　数：200 千字
版　　　次：2012 年 1 月第 1 版
印　　　次：2012 年 1 月第 1 次
印　　　数：8000 册
书　　　号：ISBN 978 – 7 – 5090 – 0795 – 2
定　　　价：32. 00 元

前言

现代社会是一个竞争激烈、随时充满机遇和挑战的社会，每个人都在努力创造着财富，但是掌握财富的却只是一小部分人。为什么只有少数人能拥有财富？他们凭什么就能成为富人？难道有什么不为人知的致富法宝吗？我们能"偷学"借鉴过来吗？

答案其实很简单。因为富人有野心，他们知道只有不安于现状才能登上财富的巅峰；富人都有敢拼敢闯的精神，他们知道财路都是闯出来的；富人还不怕吃苦，因为他们知道幸福都是从苦难中提炼出来的；他们耐得住寂寞，他们知道只有忍住煎熬，才能看到耀眼的星光；他们有为事业打拼的激情，因为只有充满热忱才能取得成功；他们还具备独特的眼光，善于挖掘财富；他们拥有过人的胆识，他们知道只有胆量大，才能吃到螃蟹；他们会编织雄厚的人脉关系，因为他们懂得合作方可盈利的道理；他们懂得变通、肯吃亏，还拥有绝妙的理财本领。总之，他们所具备的东西都是某些人所欠缺的，但是这些都不是与生俱来的，而是在后天的艰苦磨砺中形成的。

在这个世界上，没有谁注定就是天生的富人，即使是含着金汤匙出身的富二代，如果不努力不奋斗，也是很难保住父辈留下的财富的；也没有谁注定就是天生的穷人，就算每天吃咸菜和稀粥，只要肯努力拼搏，找对致富方法，也会成为有钱人。富与不富的真正区别就在于，你有没有凭借自己的实力和方法向财富的高峰发起猛烈的进攻。

可能有的人会说，我一贫如洗，没有经验，没有本领，凭什么发家致富呢？要知道，很多成功的富人都是白手起家的，做"无本"生意发家的富人也不在少数，关键是看你有没有成为富人的野心，有没有踏实肯干、吃苦耐劳的奋斗精神，有没有与贫穷的生活对着干的行动力。

　　没有经验、没有过硬的专业知识、没有雄厚的创业资金，这些都不可怕，可怕的是你安于贫穷，整天做着发财梦却始终不付诸行动。这些外在的东西都是可以从头学起的，可以在日积月累的锻炼中获得的。只要你下定成为富人的决心，并学得富人致富的经验和方法，不管多艰难都永不放弃，总有一天你会拥有开启财富之门的金钥匙。

　　当然，如果你什么都不懂，就两眼一抹黑地开始自己的创业之路，肯定会以失败告终。但是你用不着害怕，因为本书将会告诉你富人不说却默默在做的财富秘诀，会引领你如何走上致富之路。只要你认真读完本书，认真学习了富人们创富的经验和要领，你一定会豁然开朗，轻松踏上创富的旅途！

目 录

第一章

富人有野心,不安于现状是创造财富的沃土

第二章

富人爱折腾,财路是闯出来的

第六章

富人有眼光,在别人意想不到的地方挖金子

第七章

富人胆识过人,撑死胆大的,饿死胆小的

第八章

富人常变通,思路决定出路

第十二章

富人重节流,高收入不一定成富翁,真富翁却会低支出

第十三章

富人善学习,不断增强自己的赚钱能力

偷

一富人不说却默默在做的99件事

学

第一章

chapter1

富人有野心，
不安于现状是创造财富的沃土

1. 富人拥有强烈的赚钱欲望：
为什么别人吃海鲜大餐，而我只能啃干面包
> > > > > > > > >

有这样一个笑话：如果火星人落到地球上被逮住了，北京人会问他与人类有没有血缘；上海人会搞外星人展览、卖门票；广东人会问他身上哪些器官可以吃；而温州人则会立即打听火星上有没有生意做。赚钱是温州人生活择业的重心，更是温州人日思夜想要做好的事。

不光是温州人，任何一个富人或者想要成为富人的人，他们的脑子里装的全都是一个问题：那就是如何挣钱，如何挣更多的钱。这种强烈的赚钱欲望会迫使他们行动起来，将所思所想变成大把的钞票。

年广久是安徽一个穷山村里的农民，他没什么文化，除了自己的名字之外，一个字都不认识。家里条件艰苦得无法形容，小时候就随母亲外出逃荒，走进芜湖时，衣不蔽体，赤着双脚，然而他有高财商，竟靠炒瓜子成了富翁。很多人认为是他运气好，但当时能炒瓜子的人数不胜数，为什么他偏偏发了大财？

他的结发妻子耿秀云说了一番很有道理的话："年广久没有文化，对于'经济'，与其说他懂，不如说他会感觉。他不能用语言解释清楚为什么世上会有'钱'这种东西，但他知道钱能使人着迷。并且他对于'钱'的感觉又是出人意料的精当：拥有它的时候，就叫富，没有它的时候，就叫穷！"

因为穷怕了，所以在年广久心底一直有一个声音："我要赚钱！要致富！"他说："由于穷怕了，我发誓要挣钱发财，让两个妹妹能好好上学，尽管我身无分文，连穿的鞋子都裂了口子，但我始终对钱有极大的兴趣与渴望，每天都想着我有一天会发大财，有很多很多钱。"所以，就算别人

说他投机倒把他也不怕，只要没有人来抓他，他照样炒瓜子。他在中国率先请雇工，别人都说他是资本家，但他说人手不够，不请人怎么办？

从年广久身上，我们可以看出，富人之所以能富，首先还在于敢致富。而这一点恰恰是许多人缺乏的，也是许多人所忽视的。强烈的赚钱欲望是大多数富人成功的第一要素。

没有赚钱欲望的人永远成不了富人，富人对于赚钱的迫切劲头，丝毫不亚于头埋在水里的人对于空气的强烈渴求。就是因为有强烈的赚钱欲望，他们才百般的开动脑筋想赚钱的法子，才能吃得下苦、敢于冒各种风险，最后才能创下一番成就，成为各行各业的领军人物，成为穷人心中艳羡的"有钱人"。

一个刚年满20岁的女大学生公开宣称要做个亿万富妹，也许有人会认为她狂妄，有人会认为她不务正业，还有更多的人会认为她痴人说梦，根本不可能，但她却实实在在地持有了价值40多万元的股票。这不是别人给的，而是她用3000元压岁钱赚来的。

这位女大学生叫吴莲子，就读于中国科技经营管理大学。1993年，她发现爸爸的同事中有人买股票。她也想试试，得到妈妈的同意后，她到证券交易所，以自己的名义开了户，那年她才16岁。

入市后，她在小本子上模拟操作了一年。1994年暑假，她决定实战一把，她拿出十多年攒下来的压岁钱3000多元，买了200股外高桥和黄浦房产，暑假结束时她抛出手中的股票，净赚了1.5万多元。

初战告捷，让吴莲子十分兴奋。从此，吴莲子便正式开始在股市中遨游。她坚信自己能成为一个亿万富妹，因为她做过一个概算，如果不考虑成长性有波动，股价有波动，配股追加、投资金额，个别年份的股灾等因素，你现在投资1万元，第24年就会拥有1.1218亿元。这不是幻想，而是有事实依据的。如果你1989年在可口可乐公司创立时投有1股股份，那么到今天已变成价值2.5亿美元的资产！

1997年10月20日，《投资导报》发表了她的《投资高成长股捂股不动29年——1万变成8亿元》的文章，她以图文并茂的形式，详细地阐述了自己的观点。许多人看了不再怀疑吴莲子成为亿万富妹的想法。

　　整天吃海鲜大餐的生活与整天啃干面包的生活都不是天生的，富人的钱财也不是从天上掉下来的。如果你还在抱怨自己捉襟见肘的生活，甚至还在为买一台笔记本电脑发愁，只能说明你还没有强烈的赚钱意识。假如你永远都没有这种渴望赚钱的想法，那么你终其一生也只能与干面包为伍。所以，要想扎进富人堆里，首先就要有富人强烈的赚钱欲望。

2. 富人不会满足于朝九晚五的上班族生活

> > > > > > > > >

　　英国新闻界的风云人物，伦敦《泰晤士报》的老板来斯乐辅爵士，在刚进入该报时他不满足于赚九十元周薪的待遇，也不满足于人人称羡的优厚待遇，最后当《每日邮报》已为他所有的时候，他还梦想吞并《泰晤士报》，经过一番努力奋斗最终他实现了这个梦想。

　　如果你已习惯朝九晚五的上班族生活，整天把上班、下班当作自己生活的唯一目标，一天天挨着日子，那么你永远也不可能成为富翁。一个会积极想要赚钱的人，绝不以温饱为满足，一定想要让生活多彩多姿，天天充满赚钱的活力，具备了这个要件，再冷、再热的天气，再苦、再累的工作，你也会心甘情愿地去做，而当你养成了这个赚钱"习惯"后，财富自然愈来愈多。

　　李明华有个大学同学，毕业后去了北京，找了个好工作，又娶了位好太太，生活得很好。有一次李明华到北京出差顺便去看了他，他带李明华到长城饭店去用餐。他虽不缺钱，但也没到可以随便去长城饭店的份。所以，李明华对他说："都是老同学了，随便找个地方吃点算了。"他看出了李明华的意思，便说道："我不是打肿脸充胖子，到这地方来对你对我都有好处。"李明华不解地问："为什么？"他说："你只有到这地方来，才知道自己包里的钱少，才知道什么是有钱人来的地方，才会努力改变自己的现状。如果你总去小吃店就永远也不会有这种想法，我相信只要努力，总有一天我会成为这里的常客。"

听了他的话，李明华深有感触。他的话不一定对，从财富的拥有上讲，他也不算是大富之人，但他那种不满足现状的生活态度却是富人们所津津乐道的。

美国某铁路公司总经理，年轻时在铁路沿线做三等列车上管理制动机的工人，周薪只有十二元。有一位资深的工人对他说："你不要以为做了管制动机的工人，便趾高气扬，我告诉你，起码要在四、五年后，你才会升做车长呢！那时你还得小心翼翼，以免被开除，如此才可安度周薪一百元的一生。"可是他却冷冷地答道："你以为我做了车长，就满足了吗？我还准备做铁路公司的总经理呢！"。

有句话说得好："工资只能使你安全地生活，如果要想真正成为富翁，就必须把自己投入到变幻莫测的市场中去。"聪明的人是不会安于现状，守着自己的小格子的，他们闯了出去，占领了更多地盘，实现了更多想法，最终成为富人。

卡罗·道恩斯原是一家银行的职员，但他却放弃了这份在别人看来安逸而自己觉得不能充分发挥才能的职业，来到杜兰特的公司工作。当时杜兰特开了一家汽车公司，这家汽车公司就是后来声名显赫的通用汽车公司。

上了六个月的班后，道恩斯想了解杜兰特对自己的工作有什么样的评价，于是他给杜兰特写了一封信。道恩斯在信中问了几个问题，其中最后一个问题是："我可否在更重要的职位从事更重要的工作？"杜兰特对前几个问题没有作答，只就最后一个问题做了批示："现在任命你负责监督新厂机器的安装工作，但不保证升迁或加薪。"杜兰特将施工的图纸交到道恩斯手里，要求："你要依图施工，看你做得如何？"

道恩斯从来都没有这方面的经验，但是他知道，这是一个非常好的机会，决不能轻易放弃。道恩斯镇定下来之后，就开始认真钻研图纸，又找到相关的人员，做了缜密的分析和研究，他很快就弄明白了如何去做，在他的努力下，终于在规定的前一个星期完成了任务。

当道恩斯去向杜兰特汇报工作时，他突然发现紧傍杜兰特办公室的另一间办公室的门上方写着：卡罗·道恩斯总经理。杜兰特告诉他，公司决定升他为总经理，而且年薪在原来的基础上在后面添个零。"给你那些图纸时，我知道你看不懂。但是我要看你如何处理。结果我发现，你是个领导人才。你敢于直接向我要求更高的薪水和职位，这是很不容易的。我尤其欣赏你这一点。"杜兰特对卡罗·道恩斯说。

曾有人说过："一个人如果自以为已经有了许多成就而止步不前，那么他的失败就在眼前了。"朝九晚五的工薪阶层，工作稳定，工资也可以养家糊口，每天过着规律的上班打卡、下班休息的生活。很多人都对自己现在的这种生活状态十分满意，虽然这样稳定、饿不着也冻不着的生活的确很安逸舒适，但是如果你想成为名副其实的有钱人的话，你就必须拥有富人们这种不甘于现状的勇气和精神。

满足是成功的绊脚石，要做一个有价值的人，就要有不断进取的欲望。惟有不自我满足的人才能不固步自封，这才是前进的动力。所以，我们要想超越自己，要想让自己的生活更好，你就要不断进步，决不能一直在平庸的生活里游荡。

3. 富人之所以富是因为他拥有成为富人的企图心
> > > > > > > > >

卡耐基曾说过："企图心是将愿望转化为坚定信念与明确目标的熔炉，它将集中你所有的力量和资源，带领你到达成功的彼岸。"企图心是一个人充分施展自己才能、发挥自我强烈的驱动力和追求成功的最大动力。人们只有充分认识到这一点，并将之融于工作、事业、生活当中，才能达到成功，享受美好生活。

在法国，有一个很穷的年轻人，生活得十分艰难。后来，他找了一份推销装饰肖象画的工作，经过不懈地努力，在不到十年的时间里，迅速跃身为法国50大富翁之列，成为一位年轻的媒体大亨。可是却不幸患上了癌症，1998年在医院去世。他去世后，法国的一份报纸，刊登了他的一份遗嘱。在这份遗嘱里，他说：我曾经是一位穷人。在以一个富人的身份，跨入天堂的门槛之前，我把自己成为富人的秘诀留下。谁若能通过回答穷人最缺少的是什么，而猜中我成为富人的秘诀，他将能得到我的祝贺。我留在银行私人保险箱内的100万法郎，将作为睿智地、揭开贫穷之谜的人的奖金，也是我在天堂，给予他的欢呼与掌声。

在看到报纸上的遗嘱之后，有48561个人寄来了自己的答案。各种答案千奇百怪，应有尽有。绝大部分人认为，穷人最缺少的当然是金钱了。有了钱，就不会再是穷人了。还有一部分认为，穷人之所以穷，最缺少的是机会。穷人之穷，是穷在背时上面。又有一部分认为，穷人最缺少的是技能。一无所长，所以才穷。有一技之长，才能迅速致富。

最后，在这位富翁的周年纪念日里，他的委托律师在公证部门的监督下，打开了银行内的私人保险箱，公布了富翁的答案，他认为：穷人最缺少的是成为富人的野心。在所有答案中，有一位年仅9岁的女孩猜对了。为什么只有这位9岁的女孩想到穷人最缺少的是野心？她在接受100万法郎的颁奖时说：每次，我姐姐把她11岁的男朋友带回家时，总是警告我说不要有野心！不要有野心！于是我想，也许野心可以让人得到自己想得到的东西。

野心是永恒的治穷特效药，是所有奇迹的萌发点。穷人之所以穷，大多是因为他们有一种无可救药的弱点，也就是缺乏致富的野心。众所周知，穷人最缺的是钱和物。但是，穷人真正缺的是野心——成为富人的野心。为什么如此说呢？因为，穷人之所以穷？就在于他们现在的思想还停留在安于现状，只求一时的满足，而不着眼将来，更没有成为富人的野心。要想得到财富，就先要把财富的观念送入潜意识，心中先相信你会有很多财富。换句话说，就是你一定要对财富有强烈的企图心。

60多年前，艾德温·巴纳斯在新泽西州的橘郡从货舱走下火车，当时他看起来可能真像个街头流浪汉，然而他的"企图心"却富可敌国！

从火车站走向爱迪生工作室的路上，他不停地在思考。他假设自己站到爱迪生面前，说出自己的请求时，爱迪生会给他一个机会，实现他梦寐以求的人生目标，成为这位伟大发明家的事业合伙人。他对自己说："这一辈子我只有一件坚持要做的事，那就是跟爱迪生合伙做生意。我会破釜沉舟，把全部的未来投注在自己实现这理想的能力上。"

巴纳斯的企图心不只是一个"希望"！也不只是一个"愿望"！而是热切悸动的向往，超然于物外，而且坚定不移。

多年以后，巴纳斯再次置身于首次会见爱迪生的办公室，也再次和爱迪生相对而立，但这一次，他的企图心已经成为现实。他真的和爱迪生合伙了，他一生魂牵梦萦的希望成真了。

有人曾经说过："只要有企图心，并善于磨练自己，每个人都能够获得成功。"巴纳斯之所以会成为富人，是因为他选择了明确的目标，并且为了实现这个目标，投入了所有的精力、所有的意志力、所有的努力和所有的一切，而这就是企图心。

富人的成功不是偶然的，很大一部分因素决定于你是否有足够的欲望，是否有强烈的企图心。一个有强烈企图心的人，遇到任何困难都会想办法克服，不懂的可以学，不会的慢慢变成会，最终能获得成功。所以成功的秘诀，最重要的一点就是要有强烈的企图心。

4. 富人的野心与信心成正比

> > > > > > > > >

纵观那些成功发家成为富人的人们，你就会发现他们都有一个共同的特点，那就是百折不挠、永不放弃的精神。生活中想跻身富人行列的人比比皆是，可是敢于付出行动的人却在少数。究其原因，就是因为致富的过程是一条风险高负担重的艰辛之旅，如果没有强大的野心和足够的自信心，是经不起挫折与失败的，而这样的人也很难成为富人。所以，要想成为富人，你就必须拥有富人该有的野心和信心。

在1997年亚洲金融危机爆发前，泰国一家股票公司的经理，为这家公司挣了几个亿，自己也因此成了有钱人。当他把所有积蓄和银行贷款都投入了房地产生意时，1997年7月的一场金融风暴席卷了东南亚数国，并且波及全球。同样，他也没有幸免于难，公司遭到了风暴的侵袭。从此他不再是老板，因为没有能力偿还债务，最后被告上了法庭。

当时他已做好了最坏的打算，但他坚信自己还能东山再起，还能成为富人，于是他决定白手起家。他太太做的三明治非常可口，有一天建议他去街上卖三明治。没过几天，他真的推起小车做起了卖三明治的小生意。刚开始的时候，他从早上到下午一直在街头叫卖了近7个小时，嗓子都喊哑了，可是卖出去的三明治也只有一二十个。这是个很大的问题，因为泰国人都习惯吃米饭和米粉，吃不惯面食。

不知道怎么回事，泰国的一家媒体竟然将他卖三明治的事情报道了出来，不过这也是好事，因为买三明治的人骤然增多。起初，人们大多是出于同情和好奇才来买，但没过多久，大多数人就都喜欢上了他的三明治的独特味道，回头客不断增多。再加上他生产三明治的工厂清洁、卫生，三明治的味道也确实可口，他还为自己和员工专门缝制了工作服，上面印有各自的名字和电话号码，以便随时接受顾客的监督。不久，以他的名字命名的三明治就在曼谷流传开来了。

这位亿万富翁就经历了这样的一段历程。他之所以能够重新站起来，就在于他的信心和他的野心，相信自己一定行。俗话说：由富到贫容易，由贫到富难。几乎所有的富翁都给出了这样一个说法：一个人如果没有野心和信心是很难取得成功，赢得财富的。这两者是相辅相成的，如果光有野心没有信心是很难成事的，但是如果空有满腔的信心，却没有足够的野心，那么再多的想法也只能是纸上谈兵。所以，只有将这两者结合起来，才是最终走向成功的法宝。

30岁的包玉刚曾任上海工商银行的副经理、副行长，并小有名气。31岁时，包玉刚跟着家人迁居香港。他的父亲要他投资房地产，结果被他拒绝了，因为他有从事航运业的打算。那时航运业竞争激烈，风险极大，所有人认为他疯了，纷纷劝他不要冒那个险。

但是包玉刚铁了心，而且信心十足。经过一番认真分析，他认为香港背靠大陆、通航世界，是商业贸易的集散地，其优越的地理环境有利于从事航运业。37岁的包玉刚决定向航运业发展，他相信自己能在大海上开创一番属于自己的事业。

于是，他抛开了他所熟悉的银行业、进口贸易，投身于他并不熟悉的航运业。可是，对这样一个连船都买不起的外行人，没有一个人愿意将钱借给他，人们根本不相信他会成功。尽管没有借到钱，但他经营航运业的决心却更加坚定了。后来，在一位朋友的帮助下，他终于贷款买来一条20年航龄的烧煤旧船。从此，包玉刚就靠这条整修一新的破船，挂帆起锚，跻身于航运业了。

包玉刚没有在乎别人的怀疑和嘲笑，这个信心与野心都十足的年轻人相信自己会成功。他抓住有利时机，正确决策，不断发展壮大自己的事业，终于成为雄踞"世界船王"宝座的巨富。他所创立的"环球航运集团"，在世界各地设有20多家分公司，拥有200多艘载重量超过2000万吨的商船队。他拥有的资产达50亿美元，曾位居香港十大财团的第三位。

包玉刚的平地崛起，令世界上许多大企业家为之震惊：他靠一条破船起家，经过无数次惊涛骇浪，渡过一个又一个险滩，终于建起了自己的王国，结束了洋人垄断国际航运界的历史。回顾一下他成功的道路，他在困难和挑战面前所表现出的坚定信心，对每个年轻人都有很大的启发。许多年轻人失败的原因，不是因为天时不利，也不是因为能力不济，而是因为心虚，自己对自己没信心，最终成为自己赚钱致富的最大障碍。

个人成功的程度与速度同个人这种渴望的强度和持久度成正比。拿破仑曾经说过："凡是我们一直强烈渴望的，我们都能够得到。"更重要的是，所有富人都拥有坚定的决心和意志力。虽然很多人在致富的道路上都曾经失败过，但他们仍真心地希望赢得财富，所以他们不断努力，不断尝试，这才取得了最终的成功。

5. 富人坚信命可改，运亦可造

> > > > > > > > >

同样的环境中，穷人在抱怨自己的命运不济，总是得不到上天的眷顾，于是就这样一天天在埋怨中混着日子；而富人的所做所想则恰恰相反。他们越是出身不好，人生越是曲折，就越想改变自己的命运。他们绝对不会听天由命地享受贫苦带来的安逸，而是坚信人定胜天并主动出击，为自己寻找和创造成功的机会。

因出产夏普牌电视机闻名的早川电机公司董事长早川德次，在很小的时候，双亲就与世长辞，他被双亲的朋友抚养。不幸的是，养母是个性情古怪的泼妇，一开口就骂，动不动就扬鞭毒打。但早川没有自暴自弃，他告诉自己："在这世界上没有疼爱我的双亲，也没有关心我的长辈，我的处境比任何人都更悲惨，如果有机会改变境遇，我一定不会输给别人。"

有一个住在附近的瞎老妇人，每天听到鞭打声和小孩的哭声，心生怜悯，决心帮助他。她带他去一家首饰加工店当童工，那时候早川才念小学二年级。

进店之后，他每天所做的工作就是照顾小孩、烧饭、洗衣服以及搬运笨重的东西。这样年复一年地过了4个春秋，有一次他鼓起勇气对老板说："老板，请您教我一些做首饰的手工好吗？"

老板不但没答应，反而大骂道："小孩子，你能干什么呢？你喜欢学的话，自己去学好了！"

早川想：那就自己去做吧，不靠别人。后来老板叫他帮忙时，他尽量用眼睛看，用心学。这样，一切有关工作上的学识和技能，全部是靠自己偷偷学来的。

他的苦苦挣扎与努力终于没有白费，18岁时他就发明了裤带用的金属夹子，22岁时发明了自动笔。他有了发明，老板便资助他开了一家小工厂。

这种自动笔很受大众喜爱，风行一时。世界没有给他任何东西，但他却给世界很多。30岁时，在他赚到1000万日元以后，就把目标转向收音机界，设立早川电机公司。现在他拥有的资产多达110多亿日元。

机遇什么样，没有人见过。但有一点可以肯定，机遇是可以创造的。只要你相信这一点并且是个善于行动的人，那你就一定能做得到。当你学会创造机遇时，你离富人的行列已经不远了。许多穷人都抱怨命苦，怨天尤人，把没出息的原因全推给命运。这种想法完全错了：有出息的人，100人之中，99人都是从贫穷困苦的环境中挣扎过来的。从早川的经历中我们可以看出，没有一个人注定是贫穷的，只要肯动脑筋，把心血灌注下去，财富就会向你招手。

桑德斯上校65岁时，开始从事炸鸡事业。当时他身无分文，在他拿到少得可怜的美国政府为他发的105美元救济金时，他想：我是否应当对人们做点什么，否则只会对着微薄的救济金感叹。

头一个浮上他心头的答案是：我有一个人人都会喜欢的炸鸡秘方，我得利用它致富、为社会作贡献。于是，他带着成功的方案去挨家挨户地敲门，把自己的想法告诉每一家餐馆。可是，几乎所有的人都以嘲讽的态度对待他，想他这么大的年龄，还能有什么成功。但是，桑德斯并不气馁，几乎走遍了美国的每一个角落，逢人便说他那些成功的点子。终于，桑德斯在向人们诉说了1009次后，他的点子被人接受，这才有了今天遍及全球的肯德基炸鸡店。

有谁能够在两年的时间内，带着自己的想法经历了1009次的拒绝，还能够锲而不舍地坚持下去呢？能够做到这一点的人恐怕在全世界也不会再找出第二个，可桑德斯上校做到了，无怪乎世界上只有一个桑德斯，无怪乎世界上总是穷人多、富人少，这些不能致富的人所缺少的正是桑德斯那种积极进取、持之以恒想要改变命运的心态。

桑德斯其实并没有什么致富秘诀，他与很多普通人一样，没有显赫的背景，没有高等的学历，甚至在年龄上都没有什么优势，但是他却能够大富特富。要是放在穷人的身上，已经到了 65 岁的年纪肯定不会去想着如何改变自己的命运，而是过一天算一天了。

　　富人成功靠的是什么？其实很简单，主要就在于富人相信自己的想法能够获得成功，即使有再大的困难也能够勇敢地迈过去，坚持到底就是成功。如果你想成为富人，就要有富人顽强拼搏、敢于与命运抗争的精神，决不能因为自己的现状没有任何优势就放弃奋斗。当你为自己设定了成为富人的目标之后，不管前方的道路是多么的艰险，你也要坚持到底，这样你才能达成自己的愿望。

6. 富人的"贪婪"是获得财富的不竭动力

> > > > > > > >

　　20 世纪 80 年代的美国曾经流行过这样一个观点——贪婪是件好事。不少人认为"贪婪"是一种进取的姿态，是一种动力。每一个人都有欲望，但是为什么成功的人那么少呢？那是因为很多人都只是满足于自己纯粹的愿望和淡淡的想法，而没有那种对于某种东西强烈的渴望，而后者却是成功的关键之一。

　　可能有人会认为"贪婪"是个贬义词，一旦沾上它，就会惹祸上身。但是对于那些想要获得更多财富的人来说，贪婪的感觉就像是沙漠中的迷路人渴望喝水、溺水者渴望呼吸、饥饿的人渴望面包、母亲渴望儿女安康时的那种强烈、持久的要求和"贪婪"的欲望。如果你了解伟人的成功，那么就会知道，正是"贪婪"给了他们无限奋斗的动力。

　　任重是一个水果罐头的加工商，每到秋天苹果成熟的季节，他都会到某地收购苹果。为了让果农更加信任他，也为了收购更多的好苹果，他每次都会亲自出马，到苹果园和果农亲自结算，每年收购苹果就要花去 4000 多万元。

　　之所以要收购这么多的苹果，是因为他在家乡开办了一家当地最大的水果罐头加工厂。其实，任重的创业经历极具传奇色彩。20 世纪 90 年代他从当地的一家国有单位辞职，花 10 多万元建了一个小型的罐头加工厂。但是由于失误，在一次向日本出口罐头时，每瓶少装了几克罐头，所以遭到了日本客户的索赔，而高达几十万元的金额让任重遭受了重重的一击。

但是几十万元的外债，并没有压垮任重。他说："那个时候我也就只有二十五六岁，从来没有想象过自己的身体可以抵抗住这么大的压力。"为了事业的成功，他向朋友们借了 100 万元，最终，凭借自身一种与众不同的性格，他不但把产品卖到了全世界 30 多个国家，而且国内市场的销售额也超过了一个亿。他说："我就是这样一个渴望成功的人，而且是极度渴望成功，我认准的事，我骨子里外都觉得肯定能做成。"

如果从骨子里就非得拥有成功和财富，那么这样的一股力量是任何人都无法阻挡的。财富本身就是人人所渴望的东西，而那些拥有财富的人也都是拥有强大欲望的人。那些我们所熟知的富豪们，并没有因为获得了一定的财富之后，就放手去享受安逸的生活了。他们大多数的做法是，在这个行业混得风生水起了，又跑到另一个行业开辟自己的新天地，这一切都是源于他们对财富和成功永无止境的追求，而往往欲望的大小正决定了一个人所拥有的财富值。

1991 年春节前夕，王均瑶和一群朋友从湖南包了一辆"大巴"回家过年。在翻山越岭 1200 公里的漫长路程中，他无意中说了句汽车太慢了，一位老乡开玩笑挖苦他："飞机快，你坐飞机回去好了。"就是这句玩笑话激起了王均瑶开创民航事业的野心，他心想："是啊，我为什么不能包飞机呢？"

就在这一年 7 月 28 日，25 岁的王均瑶首开中国民航史私人包机的先河，承包了长沙至温州的航线。一架"安 24"型民航客机从长沙起飞，平稳地降落于温州机场。

后来，王均瑶的野心进一步扩大，他要做牛奶事业。他判断："中国是目前世界上唯一一个白酒年消费量超过牛奶的国家，年人均喝奶不足 7 公斤。富起来的中国会有越来越多的人爱喝奶。"1994 年，均瑶乳品公司成立了。1998 年，他再展大手笔，在家乡温州以平均每辆 70 万元拍得了上百辆出租车的经营权。他的野心是：让每个到温州的人总能在大街小巷跑的出租车上见到"均瑶"，满地跑的是"均瑶"的品牌，这可是一笔巨大的无形资产啊。

按说他所拥有的财富已经够他享用几辈子的了，就算在温州发展，一年怎么也能赚个一两千万元。但是为了实现自己更高的理想，展现自己更大的抱负，他决定将公司总部搬到上海。他说："我一到上海，就像一粒沙子掉到了一堆石头里，太微不足道了。在温州闭眼都认识路的我，上了上海高架桥总下不来。为什么到这里？因为上海太像美国的纽约，它的人才资源和信息资源取之不尽，用之不竭。在上海能有更大的商业机会与发展空间。"

从表面上来看，人们所拥有的财富是与个人的劳动息息相关的，但是实际上却是与人类物质欲望深流的大小成正比的。如果人们没有洪流一样的物质欲望来浇灌人的心灵，那么如此多的富人也不可能拥有如此浩瀚的财富汪洋。所以说，人的"贪婪"正是人们前进发展的不竭动力，一个人内心的"贪婪"之水有多深，那他拥有的财富就有多高。

7. 清楚自己要什么
——富人往往有清晰明确的财富目标
> > > > > > > >

相信很多人都知道"股神"巴菲特。在他 11 岁时，曾劝姐姐以每股 38 美元买了 3 股"城市服务公司"的股票，不久股票便下跌到 27 美元。姐姐担心自己的全部积蓄将化为乌有，每天责怪巴菲特不该让她上当。后来股票慢慢回升到 40 美元，巴菲特趁机卖掉姐姐的股票，去掉手续费后净赚了 5 美元。但是这家公司的股票紧接着就上涨到每股 200 美元。从这件事上，巴菲特获得了他终身遵守的两条准则：第一，设立目标必须通过严谨的思考和精密的测算；第二，目标设立后，绝不轻易放弃和改变，尤其是核心目标。

如果一个人没有明确的目标，就像是在大海里恣意漂荡的一只船。因为不知道目的地，即使这艘船有很好的现代化设备，很好的船员和船长，可是不管它经历多少的风浪，也只能在海上漫无边际地飘荡。人也同样如此，不管你知识是多么渊博，经验是多么丰富，如果没有明确的人生目标，一生也不可能到达成功的彼岸。所以，如果你想成功，希望自己能够成为人人羡慕的大富翁，那么在此之前，你首先要像巴菲特一样确定自己的财富目标并为之不懈努力，这样才能最终达成自己的愿望。

香江集团总裁、金海马集团董事长翟美卿，1964年4月生于广州。她从小家境贫寒，日子过得十分窘迫，所以她年轻时最大的梦想就是过上有房有车的幸福日子。

20世纪80年代，广州很多人开始在当地做生意，创业致富成了很多人的梦想。她说自己还在上中学时，脑子里就有个声音在不断地呼喊：我要当老板。受这股潮流的影响，中学还没毕业她就转而去做生意赚钱。

创业之前，她先到亲戚、朋友、同学那里去"帮忙"，学习做生意的窍门，积累经验。经过一段时间的"偷师学艺"，她开始干了起来。虽然"学了艺"，她第一次做生意卖衣服还是赔了2000元，这在当时算是很大一笔钱了，而且这钱还是向妈妈借的，好在她很快就把钱还上了。她的可贵之处是从哪里跌倒再从哪里爬起来，同样的错误，她决不允许自己犯第二次。

经过一些思考和计划，她认为做生意最主要的就是买主，于是她就去找。最后找到了一家公司，人家说需要家具，她不假思索，立马保证："我能提供货源。"接着她像发疯了一样，从广州到顺德，到处寻找家具厂。这一下谈成了几十万元的生意，赚了3万元。想不到一笔生意就成了万元户，这一次的成功让她充满了信心，她开始琢磨如何将生意做得更大。

经过二十多天的仔细考虑，她做了一个惊人的决定：闯荡北京。有了想法，说干就干，她到了北京，跑遍了北京所有的国营大商场，一家也不想放过。没想到还没跑完就有生意了，国华商场销售的广东的床垫刚刚脱销，急需供货。翟美卿立刻返回广州，购进了240张床垫运回北京，没想到两天就卖光了。她突然感到赚钱也并非难事！于是她继续组织货源。提货、卸货、装车、押运、批销……全都一个人干，忙得不亦乐乎。渐渐地，她的成绩越来越显著，生意也越做越大，每一天都发好几个车皮，每个车皮都挣两三万元。两年下来挣到了她的第一桶金——100万元，为她开辟后来的事业打下了基础。

不甘平庸的富人懂得设计自己的未来，他们认真地计划自己要成为什么样的人，想做些什么，要拥有什么，并且清晰明确地写出，以此作为人生指导。当一个人拥有了这个财富目标之后，他就会不停地将它与拥有的财富拿来作比较，时刻告诉自己还有多大的差距，然后激励自己想办法缩小差距，这样才能更好更快地完成财富目标。

江民杀毒软件的前任总裁王江民，依靠卖杀毒软件在一夜之间成为了百万富翁，几年后又变成了亿万富翁，他曾经被称为"中关村百万富翁第一人"。然而更多的人看到的是王江民成功非常容易，好像不费吹灰之力。其实不然，他在成功之前为自己确定了明确的财富目标：赚到第一个100万，给自己的期限是十年。为了达到这个目标，他忍辱负重，默默奋斗，才最终实现了自己的财富目标。

没有人能够一次就从身无分文的穷人变成亿万富翁，钱是一点点积累而来的，目标也是一步步实现的。所以要想成为富人，你就必须为自己制订一个切实可行的财富目标，让它变为你前进的动力，然后不顾任何困难地一步步实现它，财富对与你来说也就指日可待了。

8. 不一般的事业心，富人有把事做大的强烈冲动

> > > > > > > > >

强烈的事业心是成为富人的灵魂。一个没有事业心的人要想发财成为富人，有点痴人说梦。青岛港务局工人许振超的事业是开吊车装卸货物，别人只是当个饭碗，他却当成了事业。为了吊装事业，他刻苦自学，四处

拜师，努力钻研，勤于实践，不断前进，终于从一个初中生成为全国知名的吊装专家，多次打破世界吊装纪录。如果我们能像许振超一样拥有非凡的事业心，那么成功离我们也就不远了。

如今享誉世界的松下电器王国，不是靠松下幸之助的运气得来的。作为这个王国的领导者，松下幸之助有许多过人之处。他拥有商人的精明、战士的斗志、军师的谋略、政治家的远见和将军的果敢。总的说来，就是他有着强烈的把松下公司做大做强的事业心。

他15岁进入电灯公司，由于技术精湛，22岁就当上了检查员，这个公司还没有出现过像他这样年轻的检查员。公司所有领导都对他寄予了厚望，可是没想到，他却放弃了难得的金饭碗，执意要去开创自己的事业。不过当他辞掉电灯公司检查员的那一刻开始，就注定要踏上一条充满艰难险阻却又波澜壮阔的人生旅途。虽然主任劝他三思而后行，但是他要独立创业的念头占满了心田，所以主任"泼冷水"的话语并没有动摇他的信心，反而让他更加坚定地开创自己的事业。

松下幸之助由于早已熟悉与电气行业密切相关的电气器材，便以此为创业方向。生产电气器材必须设立厂房，但松下幸之助的自有资金还不到100日元，他又从朋友和原来的同事那里借到100日元，这才勉强解决了办厂的资金，厂房就设在自己家人居住的简陋平房里。但是，松下由此起步，终于创造了举世闻名的松下电器，使他成为一位闻名世界的伟大商人。

松下幸之助在漫长的创业路途上，碰到过无数的艰难曲折，但他在人生的每一个紧要关头，都能逢凶化吉，即使有时也会偶尔出现错误的判断，但最后总能做出正确的抉择。这其中或多或少有运气的成分，但是无论是怎样的运气，都是建立在他强大的事业心基础上的。就像著名企业家井植薰说的那样："人生（对于男人来说，实际就是工作）只有依靠一些重大的转折机遇，才能实现固有的价值，而转折机遇不是上天恩赐的，它来自于像松下幸之助这样孜孜不倦的追求。"

事业心是一个人成功的保证。穷人之所以成不了富人，就是因为他们没有敢闯敢拼的事业心，凡事追求安逸，得过且过，甚至承受不了任何的挫折和打击，所以，无论如何也不可能晋升为富人。而那些富人，即使做出了一番成绩，也不会止步不前，而是继续开拓自己的事业，直至人生的顶峰。

海南腾龙企业集团公司董事长兼总裁冼笃信最初涉足商界，是从倒牛贩猴开始的。1984年，海南省政府成立了首家农工商总公司，冼笃信回乡担任经理，但是由于销售汽车丢了官，公司也撤了。不过他并非一无所有，他已掌握了30万元的资金。

他并没有靠着这30万安心度日，而是将它作为启动资金，开创了新的事业。1987年，他成立了海南琼山腾龙实业总公司，亲自出任总经理。接着，冼笃信与国外两家房地产公司联合出资2000万元买下了一些工程项目。可是人算比不上天算，冼笃信他们2000万元刚刚在三亚投下，全国性的治理整顿就开始了，紧缩银根，控制贷款，停建楼堂馆所，顿时使三亚的房地产市场前景黯淡下来。

面对难以预测的形势，与冼笃信合作的一家房地产公司首先打了退堂鼓，于是他买下了股权。冼笃信有着强烈的做大事的野心，他想："现在这些项目的股权全部归我，等以后赚了钱，自然也没有人同我分。"

凭着一种要做大事的冲动，冼笃信开发了三亚市第一个房地产工程。他靠自己的信誉贷款1800万元，修了一条河堤，疏通了一条公路和几条大道，填海60多万方，这种热闹的场面与三亚市冷清的房地产市场形成了鲜明的对比。有人说冼笃信傻，有人说冼笃信笨，也有人说冼笃信看不清形势，可是时间不长，各种形势开始好转。两年后，冼笃信这笔投资4000多万元的房地产生意，给他带来了至少1亿元的纯利润，腾龙公司由此开始跻身于中国大公司的行列。

身处困境，仍然充满希望，热情洋溢，没有超常的勇气和魄力是做不到的。而逆境之中，又能冷静地分析形势，理智地做出判断又是难能可贵的。很多人正是有了冼笃信这样的魄力和智力，才成为商业竞争中的佼佼者。当然，富人具备的把事做大的冲动并不是说他们决策时不理性地对待，一拍脑袋，说干就干，而是指他们从不懈怠，总是始终如一地朝着更大的目标迈进。如果你也想成为富人，那么就要有这种敢想敢做的冲动。

偷

—富人不说却默默在做的99件事

学

第二章

chapter2

富人爱折腾，财路是闯出来的

1. "折腾是检验人才的惟一标准"

> > > > > > > >

联想集团前总裁柳传志说："折腾是检验人才的唯一标准。"我们看到的那些成功的创业者，身上除了拥有恒心、毅力、胆识和良好的品德之外，都具有一个共同的特征，那就是爱"折腾"。吉利汽车的老板李书福就是诸多企业家中最能折腾的一个。从做小生意，到海南炒房、做冰箱配件、冰箱、摩托车配件、摩托车，最终做汽车，成为中国销量前十名的汽车公司。用他的话说："人生就是折腾，不折腾你能成功吗？"史玉柱也是一个能折腾的人，做软件，做保健品，做游戏，一直在折腾。

有人说："一个人是不是人才，不在于你的学历有多高，关键在于你一生中折腾的程度，等你折腾到一个领域的佼佼者，就能成为人才。"成功者都具备一颗折腾的心，而作为一个管理者，折腾的心也是他们制胜的法宝之一。

柳传志有两个好的接班人：杨元庆、郭为。殊不知，柳传志为培养这两个人，前后"折腾"了他们多年。他们是一年一个新岗位，"折腾"了十几年，换了许多岗位，才成了"全才"。

30岁的时候，杨元庆就已经是联想微机事业部的总经理了。他在联想最困难的时候临危受命，从整个联想挑选了18个业务骨干，组成销售队伍，以"低成本战略"使联想电脑跻身中国市场三强，实现了连续数年的100%增长。

面对强大的压力，杨元庆始终不肯妥协，让联想的老一代创业者不太舒服。他被柳传志当着大家的面狠狠地骂了一顿。柳传志在骂哭杨元庆后的第二天给他写了一封信：只有把自己锻炼成火鸡那么大，小鸡才肯承认你比它大。当你真像鸵鸟那么大时，小鸡才会心服。经过不断"折腾"，杨元庆最终被练就成了一名经得起任何压力的"铁人"。

2004年，杨元庆在回忆当时的情景时说："如果当初只有我那种年轻气盛的做法，没有柳总的那种妥协，联想可能就没有今天了。"

海归学者林岳说过："实际上，生活本身就是一种折腾：折腾着赚钱，又折腾着怎么花钱；折腾着找工作，又折腾着什么时候可以富足而退；折腾着去折腾人，又折腾着怎么不被人折腾……在折腾与被折腾之间，我们需要的，其实只是一颗平常心，因为折腾让人成长，折腾有时候还让生活和工作充满博弈的乐趣。"

很多人都是在折腾之中被发现，在折腾之中进步的。作为一个领导者，折腾自己的员工有助于他们锻炼自己的抗压能力，这样也能够培养出更好更牛的员工。一个爱折腾人的领导者，如果拥有了折腾别人也折腾自己的勇气和方法，就能够在惊涛骇浪、风云变幻的商海中波澜不惊。

不只柳传志喜欢折腾人，华为集团的老总任正非也是一个喜欢"折腾人"的人。作为 IT 企业，华为集团年轻员工很多，并且大多是各高校的"天之骄子"。为了让他们尽快成熟，任正非几乎用一种极度激进的磨砺方法"折腾"他们。在华为，几乎所有的高层管理者都不是直升上去的，今年你还是部门总裁，明年就可能成了区域办事处主任，后年可能又到海外去开拓市场了。几起几落，经受若干失败的打击是司空见惯的事情。

华为有一句名言："烧不死的是凤凰"，意思是只有禁得起"折腾"的人，才是真正的优秀人才。由此看来，喜欢"折腾"人是许多成功企业家的共性，而真正的人才都是被"折腾"出来的。

作为一个企业的管理者，就要学会折腾你的员工，因为单凭日常接触，绩效考核很难检验出员工是否忠诚于公司，因此就要人为地制造危机，而折腾就是检验的最好方法。在折腾的过程中，那些不能坚持下来的人自然是会被淘汰的庸才，而那些能够坚持到底、经受住任何折磨的人，自然是能够陪老板一起勇闯天下、开疆扩土的勇士，也是最值得老板信赖和重用的人才。

假如你现在正处于领导者的位置，那么就像柳传志一样大胆地折腾你的员工吧！相信用不了多久，你的班底里将全部是经得起折腾的精兵良将。有了这些人才，你又何愁事业不能成功呢？不过，折腾归折腾，它可不是瞎胡闹。折腾的方法有很多种，不管你使用哪一种方法，都要围绕一个目的，那就是将被折腾的人打造成人才，让他为你所用。如果你是瞎折腾，相信没有一个人愿意让你折腾，更没人愿意服从你的折腾。

2. 善 "折腾" 者往往先富起来

> > > > > > > >

一个人要想取得成功，成为富人，那么就要先折腾自己。曾宪梓 "折腾" 国外领带，无意中打造出 "男人的世界" 金利来；李嘉诚 "折腾" 塑料花，引出后来 "长江实业" 的辉煌。而不敢像他们一样去 "折腾" 的人，就只能呆在原地，事业止步不前。只有折腾起来，财富才会青睐于你，也只有敢于折腾的人，才会更接近成功。

31 岁的张永芳就是一个 "爱折腾" 的女人。在她坚持不懈的努力下，2009 年她终于在在运城创办了第一家养生品牌店。

张永芳 1996 年大学毕业之后，没有央求家人给自己找一个安稳的铁饭碗，而是拿着简历四处应聘，最后被运城电视台广告部聘用，成了一名广告业务员。张永芳的工作非常卖力，表现也十分出色。半年后，她就被调到了办公室，负责接待广告客户。

张永芳认为："人就应该多折腾"。她为了工作更加顺利，一直通过各种途径不断学习和完善自己。她在电视台一干就是 11 年，经过不断的经验积累，她萌发了自主创业的念头。

张永芳很喜欢《奋斗》中主人公米莱的一句话："人就应该多倒腾倒腾。" 刚开始创业的时候，为选择一个既有前景又有 "钱景" 的行业，张永芳的确花费了一番心思。经过分析和考察，她把目光锁定在了食品行业。

这期间，张永芳的母亲不幸病逝，她在电视台工作时的一位领导几年前也因病英年早逝，这让她深感悲伤，同时也让她得出一个结论："健康才是最重要的财富，养生要从年轻时开始。"

张永芳说："创业过程就好比吃蛋糕，要吃就吃没人碰过或很少有人碰过的那一块"。经过反复思考，张永芳终于决定从事养生事业。经过一番考察，她发现了市场的空当，在看似饱和的饮食行业中找到了商机。她创立了自己的品牌"润元堂",专营燕窝、灵芝草等养生保健品。在她的店里,有一个小餐厅。在那里,顾客们可以了解保健品的营养价值以及科学的食用方法。

经验、能力和资本,都是在不断"折腾"中产生的,你根本无需绞尽脑汁、事无巨细地提前构思好。事实上,许多原本可以快速致富的人,正是把宝贵的时间和精力浪费在没有必要的空想中,导致身边的好项目一次次地错过。想成功,就要敢于折腾,有想法,能坚持,才会有收获。

1996年靳良雄大学毕业了,他没有接受学校分配的工作,而是拿着学校为自寻出路的毕业生发放的3600元钱,投身股市。两个月后,3600元只剩下了1200元。后来,他将这1200元交给他人"代炒",自己找家人拿了800元,去了深圳。

不料,到深圳后找的第一份工作就被骗了,无奈的靳良雄只好自认倒霉。那时候,他常常想,如果当初服从了学校分配,现在也和其他同学一样,过着有稳定收入的安心生活了,怎么着不至于落得如此窘迫的境地。经过激烈的思想斗争,他决定坚持下去。

终于,他在一家保险公司站稳了脚跟。两年后,靳良雄成为公司系统内最年轻的高级主任、星级讲师及国内第一批保险职业代理人,拿着高达2万元的月薪,并且获得了内部股权。2002年,为了家庭,靳良雄放弃了如日中天的事业,和妻子来到离安徽较近的浙江省湖州市重新起步。

在湖州的第一份工作是担任一家保险公司的主管,四个月后发现待遇落差太大,便跳槽到一家服饰公司做企管部经理。2003年5月,他投资十万元开设了自己的企业管理咨询公司,为企业做管理、品牌策划、营销顾问等业务。

2008年5月,他离开了咨询公司,开始频繁参加各类金融资产峰会,与证券商近距离接触交流,为二次创业做准备。2009年,靳良雄两次回荆门,考察家乡的资本投资市场。最终他在荆门成立了一家投资咨询公司,准备在三年内发展成资产千万的投资管理公司。他说:走这条路,自己必须回到家乡,因为这里有人脉资源基础,而且市场资本实力强,投资渠道不多,发展事业大有可为。

从初尝失败的炒股新手,到不得志的求职者,从保险公司的业务员,到年薪数十万元的管理者，从资产千万的食品公司老总到二次创业者，近20年间，靳良雄的人生就像一部正在上映的电影，写满传奇和坎坷。但是他现在的成功正是由于他爱折腾的性格造就的，如果当时他安于学校的分配，也就不会有今天卓著的成绩。

爱折腾的人都是有"钱途"的人，因为他们拥有一颗征服的心，而且永远都不会因为有了良好的现状便止步不前。他们不害怕失败，也不害怕挫折，更不会漫无目的地胡乱折腾。所以，如果你想让自己"钱途无量"，就要行动起来折腾自己。

3. 富人善于"钻营"

> > > > > > > >

同处在一个环境中，为什么有的人声名显赫、家财万贯，有的人即使拥有过人的才华却还在温饱线上挣扎；有的人每天过得有滋有味，有的人却整天愁眉苦脸。这究竟是什么原因呢？答案也许令人吃惊，但却切中要害：在于会不会钻营。当然，这里的"钻营"并不是让你违背法纪，去做小人的勾当，也不是让你为了发家致富不择手段。对于竞争激烈的现代社会来说，钻营是一种生存智慧，是富人们走向成功的重要途径之一。

今年45岁的王伟胜是温州人，10多年前离开温州到迪拜从事服装生意。离开了熟悉的家乡，他凭着自己的聪明和勤奋，在这片陌生的土地上积累了一些财富。近年又开始涉足贸易。而他最为人们称道的事情就是他巨资收购了阿拉伯联合酋长国的国有电视台———阿拉迪尔卫星电视台。据悉，这是中东第一家由华人收购的电视台。

阿拉迪尔卫星电视台地处中东地区的商贸中心、金融中心及运输中心———迪拜。它是一家以娱乐节目为主的卫星电视台，以阿拉伯语及英语播出，通过阿拉伯地区最主要的广播卫星 NILESET（半岛电视台也通过该卫星）传送，覆盖中东及北非地区21个阿拉伯语国家，约4亿人口能通过卫星收看到该电视台节目。但是阿拉迪尔卫星电视台的收视率一直不是很理想，它的母公司阿联酋迪拜媒体城在去年就萌生将它转让出去的念头。

在一个偶然的机会，王伟胜结识了迪拜媒体城的总经理。当时，这位总经理正为旗下的阿拉迪尔卫星电视台收视率一直无法上升而苦恼不已。他想请王伟胜帮忙，帮电视台收集一些介绍中国风光和资讯的电视片以及受华人喜欢的成龙武打类影视剧作品。而这个时候，王伟胜却突然冒出了一个念头，他要收购该电视台。而在此之前，他从来没有过经营一家媒体的任何经验。

经过一番马拉松式的谈判，终于在2005年年底，王伟胜联合北京籍侨胞刘海涛，签下了收购阿拉迪尔卫星电视台的合同，并重新登记，更名为"阿里巴巴商务卫视"。王伟胜出任新电视台的董事长。

生活处处需要钻营，这不是一种扭曲的心理，而是一把神奇的钥匙，它可以带领我们从贫穷的低谷走向富有的巅峰。人生是一场竞赛，你生存的手段不高，你行动的速度不快，你思考的头脑不强，你怎么可能争得过他人，成功肯定会被别人抢走。

获得成功是每一个人都渴望的事情，然而，在为了成功而艰难求索的征程中，为什么有人能够气贯寰宇，实现雄心抱负，有的人却庸庸碌碌地走过一生呢？其实道理很简单，之所以会有成功与失败，是否精于钻营是一个重要因素。

有一家保健品公司被其他公司收购之后，分公司的30多个经理都先后辞职，开始了自己的创业之路，但最终只有1人创业成功。后来这帮经理聚会时，都说他这个人钻营能力太强了，做生意不成功那是不可能的。

比如他做药品代理，能做到任何普通药品拿到他面前，只要掂量掂量都能知道是什么成分做的，每克成本是多少，盒子是什么纸印刷的，成本是多少，中国这种药有多少，每个厂家经营状况如何。他的办公室后面有床，一天到晚就钻研自己生意上的事，乐此不疲。

其中一位经理曾经亲眼见他要印刷海报宣传，2000元行价的印刷费，他不厌其烦的找了10家印刷厂报价，最后将价格压低到1500元印刷出来。而且每一个印刷厂的专业人员来谈都只能在他面前做印刷知识的学生，他为了压低他的宣传成本，他已经将印刷的每一个环节都研究透了。而做小生意时节约每一分钱都是利润。身边的人谈到他时只能自叹不如，觉得他这样的人就应该有钱赚。

一个平凡的普通人，要想让自己前程似锦，获得人生的成功，除了必要的智慧知识，假如没有钻营的能力，那么，永远都不可能成为赢家。所以，以聪慧的头脑、快速的行动巧于钻营，才能抓住难得的机遇，才能从此改变平庸的命运，生活才会幸福得像花儿一样。

长期以来，"钻营"这个词在人们眼中是绝对的贬义，总是将它误解。其实，懂得钻营并不是一件坏事。它就好比是工匠的工具、战士的武器一样，"钻营"不过是人们为实现人生的成功，而寻找到的一条捷径而已。那些富人之所以能成为富人，就是因为他们总是比别人早一步，比别人头脑更灵活一点，行动更快一点，而这一切都要归功于他们的钻营能力。所以，如果你也想成为富人，一定要学会富人善于钻营的本事，这样才能造就你不一样的财富人生。

4. 看收入，不看领子，富人做事不怕"丢面子"
> > > > > > > >

现代生活，竞争激烈，工作并不好找，但是有些大学生宁愿在家呆着，也不愿去做"有失身份"的工作；还有一些人因为不好意思，常常眼看机会从自己的身边溜走。所谓"人活一张脸，树活一张皮"，面子固然很重要，但是，要想赚到钱，就要舍得放下面子，去争取一切可以赚钱的机会，千万不能让面子阻挡了自己的财路。

在20世纪80年代北京大学的门口，有一位秀丽的少女，整日坐在那里补皮鞋。她的生意出奇的好，大学生们都很愿意让她补鞋。由于她人长得靓丽，就有了"补鞋西施"的美名。这对于接受正统教育的大学生们而言，一半是同情，一半是不理解。

有一天，一位帅气的小伙子来到她的摊前，在她补鞋的时候与她拉起家常。小伙子问："姑娘，你这么年轻，就在大庭广众之下给人家补鞋，不觉得难堪吗？""西施"连头都没有抬，一面忙着自己手中的活计，一面回答说："挣钱呗！这有什么难堪的？破皮鞋穿在你们脚下，这才叫难堪呢！"

呵呵！多么聪明的回答，小伙子有些语塞，他望着快乐又认真的"西施"不解地问："你就这样补啊补啊一直补下去吗？""西施"扑哧一声笑了，大概觉得这问题问得很愚蠢，抬起头来答道："一直补到人人都打赤脚为止！在我们家乡，不能在家闲待着，都要出去闯世界，否则会被人瞧不起的。"小伙子愣是半天没接上话来。后来，这位美丽的温州"西施"，靠补鞋积攒的资本盘下一家小店，经过慢慢地发展，而今已经成为了拥有上千万资产的女强人。

世界上没有卑微的工作，只有卑微的人。很多人认为擦皮鞋这样的事情做起来很没有面子，他们认为只有做大事，在大公司上班才是有面子的事情，而拥有这样想法的人往往是很贫穷的人。我们都知道希尔顿酒店的创始人希尔顿的第一份工作是刷马桶，他也曾经想过放弃，但是最终坚持了下来。如果当初他毅然放弃，那么今天赫赫有名的希尔顿大酒店也就不复存在了。

会挣钱的成功者，总是会在适当的时候放下面子，因为他们知道，如果太过看重自己的面子，拉不下脸面去做事情，会导致与机会擦身而过。只有舍得丢面子，才能赢回面子，挣到钱。

戴维·史华兹出身贫寒，15岁就辍学自谋生路，但他有很强的进取心，小小年纪就立志要做一个大企业家，而且不露声色地执行着自己心中的计划。18岁那年，史华兹决定创办一家服装公司，开拓自己的事业。他和一个朋友合伙开办了一家小小的服装公司，在他的出色经营下，公司发展得很快，生意相当不错。

不久后，史华兹又不满足了，他认为，老是做与别人一样的衣服是没有出路的，必须有一个优秀的设计师，能设计出别人没有的新产品，才能在服装业中出人头地。然而，这样的设计师到哪儿去找呢？

一天，他出外办事，发现一位少妇身上的蓝色时装十分新颖别致，竟不知不觉地紧跟在她后面。少妇以为他心怀不轨，便转身大声骂他耍流氓。史华兹这才醒悟，觉得自己实在是太唐突了，连忙向少妇道歉和解释。少妇心中疑团解开，转怒为笑，并告诉他这套衣服是她丈夫杜敏夫设计的。于是，史华兹心里就有了聘请杜敏夫的念头。

经过一番调查得知，杜敏夫果然是位很有才能的人。他精于设计，曾在三家服装公司干过，史华兹决定聘用他。然而，当史华兹登门拜访时，杜敏夫却闭门不见，令史华兹十分难堪。但史华兹并不气馁，接二连三地走访杜敏夫的家，几次三番地要求接见。他这种求贤若渴的态度，终于使杜敏夫为之动容，接受了史华兹的聘请。

杜敏夫果然身手不凡，他建议采用当时最新的衣料——人造丝来制作服装，并且设计出了好几种颇受欢迎的款式。

脸皮太薄的人永远都不可能有所作为，只有让自己的脸皮厚起来，你才能承受住前行路上的种种屈辱和挫折，才能最终走向胜利彼岸。面子换不来位子和银子，为了顾及面子，有些人失去了很多的机会。只有不怕"丢面子"，才能让心灵得到真正的解放，才能毫无顾虑地在事业上大展拳脚。要想成为富人，我们在创业的时候就不能因为工作不体面而放弃努力。对于每一个需要钱的人来说，任何工作都意味着一个机会，只要你努力、坚持，永不退缩，即使是没有面子的工作，最后也会在你的刻苦努力下让你风光无限，成为有钱人。

5. 富人有"闯关东"的精神
> > > > > > > > >

2008 年央视热播剧《闯关东》，讲述了清末到"九一八"事变爆发前，一户山东人家为生活所迫而离乡背井"闯关东"的故事。以主人公朱开山复杂、坎坷的一生为线索，其中穿插了朱开山的三个性格迥异、命运不同的儿子在关东路上遇到的种种磨难和考验，以及他们在日本帝国主义侵略者面前铁骨铮铮的民族气节。主人公曲折的人生经历让观众为之感动，但是他们敢闯敢拼，百折不挠的精神却让人为之振奋。

在挖掘财富的过程中，我们也应当具备"闯关东"的坚韧精神。要有富人们与艰难困苦抗争的勇气和决心，而不能像有些人一样只会做前进路上的逃兵。否则，你一辈子也不可能成为人人敬仰的有钱人。

上世纪90年代中期的东北，经济正处于大改革的时期，社会萧条和行业的不景气导致很多人都在苦苦寻觅生存发展之路。做了那么多年服装生意的孙亚晶深深感受到了生活的压力，她急于改变现状，于是她便下定了去江南闯世界的决心。她不顾家人的反对，拿着积攒下来的几千元钱，单枪匹马去了苏州，开始了改变她一生命运的创业历程。

到了苏州，孙亚晶在文化市场花了几千元租了一个小小的摊位，开始了她的书刊生意。经营期刊生意需要投入大量的资金，由于每本的利润很小，必须形成大规模的经营才能获利。因为资金有限，所以她购进了当时比较畅销的杂志。因为没有多余的钱来雇佣店员，接货卖货送货都是她一人兼顾。由于资金紧张，她舍不得买自行车，经常是肩扛手提一路小跑地奔波于货运站和店铺之间。几十斤上百斤的书刊压在肩头上，痛得她直掉眼泪，手上磨出了血泡，汗水湿透了衣衫，咬着嘴唇才挨了过来。

刚起步的阶段，孙亚晶的日子过得很艰难。订自全国各地的杂志到货的时间都不一样，只要货运站的接货通知一到，就必须马上去提货，所以孙亚晶的生活没有一点规律可言，精神也一刻得不到放松。有时店里正在营业，火车站通知去提货，孙亚晶就让顾客自己拿货付钱，自己赶忙跑去提货。即便是如此的劳累奔波，开始的两年孙亚晶不仅没有盈利，还一直亏本。

文化市场里一些业主欺负她是外地人，经常对她采取鄙视的态度，甚至看笑话似的看她怎么亏损。甚至有人见她势单力薄，就采用一些不正当的竞争手段。这些不公没有让孙亚晶屈服，她一边悄悄地把泪水咽到肚子里，一边打起精神用自己的行动向别人证明自己必胜的决心，同时拿起法律武器成功地捍卫了自己的利益。

无数次的打击和挫折，没有让坚强的孙亚晶屈服。虽然做了两年亏本生意，孙亚晶也慢慢地总结了一些经验，加上她的辛勤努力，生意日益好转。经历了两年的挫折期，从1999年开始，孙亚晶的事业终于有了突飞猛进的发展。苏州文苑书店和孙亚晶的名字在全国期刊联络网上活跃了起来，苏州人的目光也开始聚集在了这个干练的成功女人身上。

现在的孙亚晶，已经成为苏州地区最大的期刊代理商，掌握着几百种杂志的苏州独家代理权。面对今天的成就，回顾自己那么多年来辛苦的创业历程，孙亚晶百感交集："有时想想，我也真佩服自己当年的那份勇气和毅力，别人都说我是女强人，我看我自己就是男人！"

正是凭借着一股坚忍不拔的勇气，孙亚晶才坚持到现在，并取得了骄人的成绩。勇气是一种巨大的力量，它可以让人不畏艰难，大胆的去开拓另一番天地。勇气贯穿着每一位成功富人创业的全过程，从迈出第一步到取得成功，他们无一例外都遇到了困难和挫折。但是他们决不会选择退缩和放弃。在磨难中鼓足勇气、争取成功，是富人们的共同抉择。百折不挠的精神和勇气，是人们踏上财富之路最强有力的推动器。

在做生意的过程中，事事如意、一帆风顺的情况是罕见的，要想取得成功，获得财富，势必要经历种种挫折和磨难，也只有承受住了这些痛苦和折磨，你才能够看到雨后盛开的美丽彩虹。

要成为富人不是一蹴而就的事情，更不是做个梦就能成真的幻想，只有经历了现实的种种磨难，只有具备了无论如何也不放弃前进的"闯关东"精神，你才能够得到更多的财富，也才能够体会到历经千辛万苦挣来的财富给你带来的真正的快乐与满足。

6. 困难面前更要果敢行动

> > > > > > > > >

网易的创始人丁磊说过："人的一生总会面临很多的机遇，但机遇是以面对困难作代价的。有没有勇气去面对，往往是人生的分水岭。"经商做买卖不可能是一帆风顺的，总是会遇到一些困难和挫折，无论你之前做了多么充足的准备，都会发生一些意想不到的困境。

很多人在遭受到一点打击的时候就胆小地开始退缩，他们害怕前面等待他的将是更大的困难，所以放弃再次尝试。因此，只有那些敢于与困难抗争，跌倒了再爬起来继续行动的人，才会在生意场中获得成功。

保罗·高尔文是个身强力壮的爱尔兰农家子弟，从小就充满了积极进取的精神。在他13岁那年，看到别的小朋友在火车站的月台上卖爆米花，他不由得被这个行当吸引了，也一头闯了进去。但是，他却没有事先弄明白，早已占住地盘的孩子们并不欢迎有人来竞争。为了教训他，那些孩子抢走了他的爆米花，并把它们全部倒在了大街上。

第一次世界大战之后，高尔文从部队退役回家，他在威斯康办起了一家电池公司。但是尽管他想尽了办法，依然无法打开产品的销路。有一天，高尔文离开厂房去吃午餐，回来后却见大门上了锁，公司被查封了，就连办公室里挂着的衣服都没办法拿出来。

1926年，他又跟人合伙做起收音机生意来。当时，全美国估计有3000台收音机，预计两年后将扩大100倍。但这些收音机都是用电池作能源的。于是他们想发明一种灯丝电源整流器来代替电池。原本这个想法是非常棒的，但产品还是打不开销路。眼看着生意一天天走下坡路，他们似乎又要关门歇业了。此时，高尔文通过邮购销售办法招揽了大批客户。他手里一有了钱，就办起了专门制造整流器和交流电真空管收音机的公司。可是不出3年，高尔文又面临了一次破产。

到1930年底，他的制造厂已经欠了374万美元。在一个周末的晚上，他回到家中，妻子正等着他拿钱来买食物、交房租，可他摸遍全身只有24美元，而且全是借来的。面对接踵而至的困难，他从来没有停止过行动。现在的高尔文早已腰缠万贯，他盖起的豪华家园就是用他的第一部汽车收音机的牌子命名的。

毋庸置疑，富人在积累财富的过程中收到的打击、经历的困难和痛苦，都是穷人们无法想象的艰难和辛劳。如果你能够将遇到的困难看成是人生的一笔宝贵财富，并在遭遇困难的时候奋起反击，用你坚实的双腿将困难狠狠踩在脚下，那么你就能够从中吸取有益的养分和力量，最终成就一番属于自己的事业。

20世纪80年代中期，全国毛巾行业一片兴旺，洁丽雅的前身——诸暨毛巾厂正是在这一背景下成立。石磊的父亲——时任诸暨县三都区工业办公室主任的石昌佳，亲自兼任厂长。当时，该厂和大名鼎鼎的杭州西子毛巾厂联营，为其生产坯巾。

当毛巾织机还在调试的时候，石昌佳又满腔热血开始扩建5000纱锭的纺纱车间。然而，车间的工作正在如火如荼进行的时候，国家一声令下，让五小企业关停并转，无奈之下只好半途而废，工厂一下子损失了187万元。停止工作的厂房里空荡荡的，什么东西都没有了。

可是屋漏偏逢连夜雨。在那之后没过多久，毛巾行业形势急转而下，诸暨毛巾厂赖以生存的西子毛巾厂也与其结束联营关系，诸暨毛巾厂一下子从山顶跌向了山谷。但是，凭着一股拼劲，石昌佳没有被突如其来的困境击倒，他立马向亲朋好友借钱买来了缝纫机，开始自己生产终端产品——毛巾。

1994年，诸暨毛巾厂成功转型，洁丽雅正式运营了了。不过，又一次灾难也在随后来临。

因为洁丽雅在当时只是小型企业，毛巾生产在技术上并没有什么优势，所以始终找不到愿意合作的大工厂。石磊父子意识到，只有凭自己的实力才能杀出一条血路。正是此时，他们发现了一种行业内新产品——丝光毛巾。

两人立即拍板，想尽一切办法，并在短期内学到了这项技术，并以比同类产品低5－10%的价格进行销售。通过此次攻坚，洁丽雅很快在国内毛巾市场上站稳脚跟。

接下来，喷花、缎档格子等一系列毛巾在洁丽雅问世。用石磊的话说，当其他的毛巾厂还在凭借一种产品"打天下"的时候，洁丽雅却已打出了"组合拳"。在忧患面前，石磊父子坚强地站了起来。这么多年来，国内很多毛巾企业纷纷倒闭，洁丽雅却一路走来，并越走越强。

困难来临的时候，很多人都选择了躲避，想要在困难过后再去寻找新的机会。殊不知，就在你等待的过程中，好的机遇已经从你身边悄悄溜走了，等待只会消磨掉你更多宝贵的时间。越是在困难的时候，我们越是要积极行动起来，这样你才能迅速找到解决的办法，开辟出一条新的道路，从而达到自己成功的目的。

7. 赔本赚吆喝，变危机为转机

> > > > > > > > >

在美国新墨西哥州的高原地区，有一个叫威廉的人在那儿经营苹果。他种植的"高原苹果"味道好，无污染，在市场上很畅销。可是有一年，一场冰雹袭来，把满树苹果打得遍体鳞伤，而威廉已经预订出了9000吨"质量上等"的苹果。威廉不甘心这样，他仔细察看了受伤的苹果，指定了这样一段广告词："本果园生产的高原苹果清香爽口，具有妙不可言的独特风味；请注意苹果上被冰雹打出的疤痕，这是高原苹果的特有标记。认清疤痕，谨防假冒！"结果，这批受伤的苹果极为畅销，以至后来经销商专门请他提供带疤痕的苹果。

我们常说："越是在最有危险的地方，越是有最大的利润"。赚钱就是这样，财富总是隐藏在危机背后。富人在面临危机的时候总是竭尽所能寻找解决的办法，利用聪明才智巧妙地将危机变成转机；有些人在遇到危机的情况下，只会一味的退缩、埋怨、悔恨。一个人要想成功，要想获得常人难以企及的财富，那么就要学会临危不乱，险中求胜。

20世纪70年代，是美国经济出现滞胀和萧条的时期，很多人都失业。特里大学毕业已经6年了，也失去了曾经的工作，只能靠着打零工辗转生活。如今经济出现波动，特里觉得应该开始寻找改变命运的机遇了。无意间，特里打听到濒于破产的佩恩中央铁路公司所属的几家饭店准备出售。他敏感地意识到机会来了，于是，瞄准了最不景气的康莫多尔饭店。

康莫多尔多年来一直亏损，还长期拖欠财产税。特里做了一番实地考察，他发现饭店年久失修，外面成群的乞丐游来荡去，廉价的摊铺拥挤不堪，砖面肮脏丑陋，进入正厅，又黑又暗，感觉像是走进了一家野外小旅店。但是，每天早晨，成千上万来往于康涅狄格和韦彻斯特的衣冠楚楚的人们在旭日阳光下，踌躇满志地从饭店对面的火车站及地铁涌入大街。特里觉得这是一个难得的位置，立即决定买下来改造它。

但是，购买康莫多尔饭店困难重重。因为当时经济不景气，银行根本不愿意对建设项目提供贷款，即使你具有非常优良的环境。除此之外，特里还必须让卖主相信自己是购买饭店最合适的人选。

特里先说服了卖主，使之相信他是唯一不顾周围萧条的环境、决定买下一个亏损饭店的人。他同时还拟了一个草案，向众人表明自己有用 1000 万美元的价格买下康莫多尔饭店的能力，并在买下饭店之前，把政府减免税的许可、银行的贷款及合作伙伴确定下来。在 4 年的奔波之后，特里把那个濒临破产的饭店进行了改制，让它重新焕发了生机。它不仅证明了特里的办事能力，而且还为他带来每年 3000 万美元的收益。

即便是在金融风暴时期，整个国际市场动荡不堪，但只要对市场有正确的分析，大胆地抓住稍纵即逝的机遇，渴望成功的人还是可以在这样不景气的大环境下找到改变命运的契机，创造属于自己的财富。危机中总能找到转机的契机，而一旦你发现了转机的窍门，变危机为转机，你就能让你灰暗的人生变得光明，并且这一人生危难的经历会成为你今后人生的财富和祝福。

在美国金融史上，摩根家族的名字是任何人都无法忽视的。在 19 世纪到 20 世纪的 100 多年时间里，摩根金融王朝创造了前所未有的辉煌。而这些成就的取得，与它的主要创始人 J·P·摩根敢于在危机中抓住机会是分不开的。

1862 年，美国的南北战争正打得不可开交。各大投资者都在尽量减少投资，避免受到战争影响，一时间，美国经济交易几乎停止。一天，摩根结识的一位朋友克查姆说："我父亲最近在华盛顿打听到，北军伤亡十分惨重！如果有人大量买进黄金，汇到伦敦去，肯定能大赚一笔。"在当时的经济条件下，做这笔生意是有非常大的危险的，但是摩根还是心动了。

按照计划，他们先同当时的大亨皮鲍狄先生打个招呼，通过他的公司和摩根的商行共同付款的方式，购买四五百万美元的黄金，当然要秘密进行；然后，将买到的黄金一半汇到伦敦，交给皮鲍狄，剩下一半留给自己。一旦皮鲍狄黄金汇款之事泄露出去，而政府军又战败时，黄金价格肯定会暴涨。正如他们所料，由于造成抢购，立即激活了美国的黄金交易市场，金价飞涨，摩根一瞅火候已到，迅速抛售了手中所有的黄金，趁混乱之机又狠赚了一笔。

危机让许多的人选择了逃避，而那些选择面对并试着在危机中争取财富的人往往是成功的。其实危机并不可怕，可怕的是你不愿意去面对。法国细菌学家尼克尔说："机遇垂青那些懂得怎样追她的人。"风险和财富往往成正比，当危机来临时，若你有信心和资本，就要敢于下赌注，敢于挑战，这样才能在危机中求取大胜，把握财富。

8. 行动起来，自会有出路
>>>>>>>>>

有个落魄的中年人，隔三差五就要去教堂祈祷，而且他的心愿几乎每次都相同。第一次去教堂时，他跪在圣坛前，虔诚地说："上帝啊，请念在我多年来敬畏您的份儿上，让我中一次彩票吧！"几天后，垂头丧气的他又一次来到教堂，同样跪在圣坛前祈祷说："上帝啊，为什么不让我中彩票？我愿意更谦卑地来服侍您，请您让我中一次彩票吧！"又过了几天，他再次去教堂，照样重复着他的祈祷词。如此周而复始，不间断地祈求着。最后一次，他跪在圣坛前，说："我的上帝，为什么您不垂听我的祈祷？让我中彩票吧，只要一次，让我解决所有困难，我愿终身奉献，专心服侍您……"这时，圣坛上空发出了一阵宏伟庄严的声音："我一直在垂听着你的祷告，可是，最起码，你得先去买一张彩票吧！"

虽然这只是一个虚幻的故事，却充分说明了行动的重要性。一个人就算有再好的计划，再多的优秀思想，如果你不行动起来，永远也别想让财富进入你的口袋。有人说过："成功的关键在于行动，成功的人都是行动导向的人。一旦他们有了什么想法，就立即去实践。实践的结果有两种，一是可能成功，一是可能失败。成功总是伴随着一串失败，是失败的累计。所以只要你去试，就不会输。"对于行动的重要性，富人深有体会。没有行动，理想永远是句空话。只有行动，理想才会变成现实，人生才能走向成功。

李恒与秦朗是非常要好的朋友。几年前，两人看到本地的人们开始摆脱过去那种自给自足的生活方式，衣着服饰都趋向了商品化。于是，两人决定各自开办一家服装工厂。李恒说做就做，立即行动起来。没有多久的时间，就将产品推向了市场。而秦朗却多了个心眼，他想先看看李恒的服装厂经营得怎么样再做打算，因此没有行动。

李恒的服装厂开办不久，确实遇到了很大困难：市场打不开，产品滞销，资金周转不灵，工资不能按时发放，工人的积极性下降……一看到这种情况，秦朗心中暗自庆幸自己没有盲目地行动，否则也会陷入困境。但是顽强的李恒并没有在困难面前倒下，他针对困难一一想出解决办法。一年后，他的服装厂终于渡过难关，利润也滚滚而来。

看到李恒的钱包一天天鼓起来，秦朗后悔莫及。于是，他也开办了一家服装厂，但已为时过晚。由于早办了一年，李恒赢得了众多客户和广阔市场，而秦朗的客户寥寥无几。几年之后，李恒的行销网络遍及美国各地，拥有数亿元资产。秦朗的服装厂却只能为朋友的鞋厂进行加工，资产更是少得可怜。

这两位朋友同时看到了机会，但李恒马上行动，占尽先机；秦朗却犹豫观望，坐失良机，最后走上两条不同的人生路程。拿破仑说过："行动和速度是制胜的关键。"如果你一直在想而不去做的话，根本成就不了任何事。每一位富人都是在最短的时间内做出决策并且立马去执行的，也许前方的道路的确困难重重，布满荆棘，不去冒险确是能够让自己处于安全的地带，但是这样你永远也不可能有成功的机会。所以，要想和富人一样，你就必须果断干脆，先干了再说。

有两个学生同时申请成为某教授的博士生，可是教授只愿招收一名学生。于是教授就给他们出了一道题目，两个学生同时做完了题目。过程一样精彩，结果也一样正确，难分伯仲。教授思考了一下，选择了其中一个。

另一个很不服气地找到教授，问："为什么没有选择我？"教授指着题目开始做的时间说："题目是我上周五下午设计的，他是当天下午四点开始做的，你是本周一才开始做的。我之所以选择从上周五下午四点开始的他，是因为我认为一个立刻开始行动的人更具竞争力。"

博恩·崔西曾经是比尔·盖茨的业务导师，是全美最具影响力的演说家和成功学讲师。在一次演讲中他特别提到了行动力的重要性，他说："只有3%的人为未来做详细的规划，而有97%的人不为未来做什么规划。通常来说，做规划的人有自己的事业，而没有规划的人则为那些有规划的人工作。那些最优秀的人在启动之前已经设立了一个未来的远景目标，然后倒推现在应该做什么，从而迈出第一步。大多数人对生活都有自己想法，但却从来没有迈出第一步。"

"立即行动"是富人的格言，只有"立即行动"才能将人们从拖延的恶习中拯救出来。走向富有的秘诀就是"行动"，等待机会的降临是永远不可能有好结果的。无论怎样，你只有行动起来，才能创造奇迹、获得财富。

偷

——富人不说却默默在做的99件事

学

第三章
chapter3

富人不怕吃苦，
人前要显贵背地先受罪

1. 富人不相信天上会掉"馅饼"，
想致富"勤"铺路
>>>>>>>>

所谓"一分耕耘，一分收获。"没有付出，永远不可能得到任何回报，但是生活中大部分人依然在做着天上掉馅饼的美梦，希望不费吹灰之力就能得到一大笔财产，结果常常是空想。富人从来不相信世界上有不劳而获的事情，所以他们总是比别人勤劳，虽然付出了一滴滴的汗水，但是他们最终收获的是财富。

高尔基说过："天才就是勤奋。人的天赋就像火花，它既可以熄灭，也可以燃烧，而迫使它熊熊燃烧的办法只有一个，那就是勤奋。"世界上，大凡有作为有成就的人，无一不是与勤奋有着难舍难分的缘分。勤奋能够塑造出伟人，当然也能创造出富人。

14岁时候的李嘉诚曾在香港一家茶楼当跑堂伙计。那时，茶楼规定伙计们每天早晨5点就必须到茶楼报道。为了不让自己迟到，他就把闹钟拨快了10分钟，于是他每天总是第一个赶到茶楼。接着，他对到此喝茶的三教九流各色人等仔细观察，用心揣摩，并根据茶客的外貌、言语等方面揣测他的籍贯、年龄、职业、收入和性格等，之后，他就会寻找各种机会巧妙地进行验证。

于是，时间不长，李嘉诚迅速对每一位来到茶楼的顾客的消费都做到了如指掌：比如谁爱甜，谁爱咸，谁喜欢吃鱼，谁喜欢吃虾，谁喜欢喝红茶，谁喜欢喝绿茶，他的心里都一目了然。因此他对什么时候应该给哪位顾客上什么食物、提供怎样的服务都做得恰到好处。他周到的服务让被他招待过的客人都非常满意，纷纷成了茶楼的常客而李嘉诚也因此成为茶楼工资最高的跑堂伙计。

比尔·盖茨认为，要想成为一名亿万富豪，首先必须积极地努力，积极地去奋斗。富豪从来不会拖延，也不会有等到"有朝一日"再去行动的想法，而是今天就动手去做这件事情。他们在忙忙碌碌、尽其所能地完成一天的工作之后，第二天又接着去做其他事情，坚持不懈，不断地努力、失败，直到成功。

任何人所取得的伟大成就都不是唾手可得的。我们所知道的许多著名的科学家和发明家的一生就是顽强拼搏、勤奋刻苦的一生。对于想成为富人的穷人来说，勤奋贵在坚持不懈。如果你心中怀揣成为富人的理想，并且永不停歇地为之奋斗，那么你就能够像一颗颗种子不断地从大地母亲那儿汲取营养一样，不断地向财富靠近。

台塑集团董事长王永庆每天都会在凌晨2点半起来办公，直到九十岁，他的这个习惯从未改变过，52年一直坚持着。

王永庆每天晚上10点睡觉，2点半起床办公，每周工作100多小时，他常说："要常常警惕自己，稍一松懈就导致衰退，经常要有富不三代的警觉。""一勤天下无难事"。王永庆的这句话在他的成功让男生中起着重要的作用。

我们都知道，王永庆1917年1月18日出生在台北县一个俗称"情人谷"的偏僻地方，父母都是种茶的农民，家境十分困难，每天三顿都只能吃番薯。常言道：穷人家的孩子早当家。小时候的王永庆很理解父母的处境，为了帮助父母分担生活的压力，小学毕业后便无奈辍学，那时的他才15岁。由于在家乡找不到工作，在征得父母同意后，在叔叔王水源的介绍下，他去了嘉义的一家米店当小工。当时，白花花的大米是王永庆梦寐以求之物，为此他格外珍惜这份工作。除认认真真地做工外，还细心观察老板经营米店的诀窍，为今后自行创业做准备。

王永庆曾说过一段发人深省的话："我幼时无力进一步学习，长大后必须做工谋生，也没有机会接受正规教育。像我这样一个身无专长的人，只有吃苦耐劳才能补其不足。我还常常想，由于生活的煎熬，我才产生了克服困难的精神和勇气。幼年生活的困苦，也许是上帝对我的赐福。"所以，吃苦耐劳一直是王永庆成功的重要原因。

人生的财富，都是平凡的人凭借自己的不断努力获得的。日复一日的平常生活，尽管会产生种种牵累、困难、责任和义务，但它依然能够使人们获得很多最美好的人生经验。对那些执著地坚持开辟新道路的人而言，生活总会为他提供不断努力的机会和持续进步的空间。而人类的幸福感就存在于沿着已有的道路不断地进行开拓进取，并且永不停息。只有这些能持之以恒、勤奋到底的人，往往才是最成功的人。

所以，不要再希冀天上会掉下馅饼，也不要相信世界上有免费的午餐，真正的财富是靠自己勤劳的双手和辛勤的汗水获得的。穷人要想发家，就必须将勤奋作为砝码，这样你才能百战不殆。

2. 浙商精神："白天当老板，晚上睡地板"
> > > > > > > >

浙江001电子集团有限公司的董事长项青松曾经说过："一个人要想获得持久的成功，在每一个阶段都很艰难，只是艰难的程度不一样而已。"浙江商人"能睡洋房也能睡地板"的吃苦精神众所周知。和项青松一样，几乎所有的浙江商人都认为："只要肯吃苦，满地都是金子"，是一句放之四海而皆准的箴言。而"白天当老板，晚上睡地板"就是他们吃苦精神的真实写照。

项青松出身于一个普通的农民家庭，他从不避讳自己的身份，相反，他认为这是一个非常好的锻炼。因为从小种过地，吃过苦，项青松学了很多别的老板所没有经历过的东西。1992年，项青松在试制卫星天线，那时室外气温有40多摄氏度，有员工问他要不要出去，他说："没关系，我觉得现在比种地好多了。"他就是一直怀着这样的心态，所以从来不觉得自己有多苦。很多富人和他一样，在成功之前都尝遍了生活的辛酸与痛苦，但是他们始终坚信"能吃别人吃不了的苦，就能挣别人挣不了的钱"，所以他们最终获得了成功。

25岁的郭泰麟毕业于青岛中国海洋大学生物技术专业，有着同龄人所没有的成熟。2007年9月，当同学们还再为找份好工作而努力学习时，他却跟学校申请了提前毕业，提早走出校门去创业。

当年10月，郭泰麟的室友贺明和王国庆，还有他的女友车征，组成了创业同盟军。经过研究和思考，他们将眼光对准了中草药零食产品。在学校食品专业教授的帮助下，几个人闷在实验室里，等待梦想升腾。

2008年4月，产品研发出来后，郭泰麟4人在青岛市郊租了近200平方米的厂房想做生产车间，并进行室内装修。没想到申办QS许可证时"环评"一项没有达到国家的标准，所有的梦想都被迫搁浅了。几个人只能变卖机器，出租厂房。折腾了几个月，还赔了不少。

6月，"死不悔改"的郭泰麟卷土重来。借了几万元，寻找工厂代工，"但没有人敢相信我们还没出校门的学生。最后终于山西有一家食品厂老板同意给我们代工。"为了节省资金，也为了提高办事效率，他们几个住进了工厂，将被子铺在地板上睡觉。

同年12月，产品找到了经销商，同时也成功进驻了大连校园超市的柜台上。郭泰麟正努力让自己的公司一点点走向成熟。

挫折和苦难是一个成功者所必须经历的课程，它会使人变得坚强，也会使人变得更加成熟。我们常说"吃得苦中苦，方为人上人"。一个人只有经历了艰苦的奋斗，付出了辛勤的劳动，才能取得最后的成功。作为一个想要变成富人的普通人，要随时有一种不怕挫折、坚忍不拔、敢于背地受罪的精神，这样才能在激烈的商战中变得强大和富有。

澳门首富何鸿燊能有今天的成就，小时候面对苦难时所选择的态度发挥了至关重要的作用。

小时候，何鸿燊家道中落，年少的何鸿燊不得不面对这份残酷的现实。他常常担忧明天能吃什么，还能不能去上学，家里还有没有积蓄。而最让年幼的他不堪忍受的是家里的亲戚，过去他们见了何家人总是恭恭敬敬，低眉顺眼，现在却是冷言冷语，见到何鸿燊就百般嘲弄。

一天，何鸿燊牙齿被虫蛀，需要补牙。正好他家一个亲戚是牙医，过去一直来往，每次来何家都要逗何鸿燊开心。何鸿燊去他的牙科诊所，做牙医的亲戚正闲着，跷着二郎腿坐在旋转椅上，没有起身，见了小鸿燊一幅爱理不理的样子。

"来这里做什么？""牙坏了，想补牙。""身上有钱吗？""没有钱。"牙医亲戚笑起来，然后怪声怪气地说道："没有钱，那来干嘛？补什么牙？干脆把牙齿全部拔掉算了。"何鸿燊仿佛被迎面泼了一盆凉水，想不到亲戚会变成这个样子！何鸿燊不禁泪如泉涌，扭头就走。回到家里，向母亲哭诉。母亲也伤心地流泪，母子抱头痛哭。

这件事给何鸿燊很大的刺激，使他从富家弟子的旧梦中彻底清醒过来，他下决心要争一口气！何鸿燊回忆道："我发誓要成功，这是一种挑战，但真的没有报复的成分——发愤无论如何还是为自己好。我的意思是，无论如何，没有人喜欢贫穷而无能的亲友。"

苦难是一把双刃剑，对于穷人来说，苦难在他们心中是一到不可逾越的鸿沟，他们要做的就是悲叹自己命运不济，然后默默承受；但是富人却会在苦难中拼命崛起，努力改变现状，直至获得最后的成功。所以，不管你现在的生活是多么困苦，只要你下定决心，并且能够像浙商一样忍受苦难的折磨，那么你对苦难的承受最后都将化成满口袋的钱财，成为人群中的强者。

3. 你每天工作几个小时，富人收获大是因为付出多

> > > > > > > >

很多成功者在成功之前都是大忙人，常常是"从鸡鸣忙到狗叫"，任何时候看到的都是他们忙碌工作的身影。杭州飞鹰船艇有限公司的创始人兼董事长熊樟友就是一个很典型的例子。他在创业初期，除了年三十，他从来没有休息日，每天从早到晚，不知疲倦。平时，他不是在办公室，就是在车间忙得不亦乐乎。这几乎是所有富人的生活状态，没有辛勤的付

出，就绝不可能会有丰厚的收获。

的确如此，天下没有不劳而获的东西，那些收获最多的人，往往都是付出最多的人。很多人都想迅速成为有钱人，可是当他们开始每一天的八小时工作时就已经抱怨连连了，不仅不认真工作，反而想着如何打发时间。所以这样的人即使做着有钱人的梦，也不可能成为真正的有钱人。而那些将大量时间花在工作上，并且每一分钟都兢兢业业的人，注定会成为有钱人。

南昌姑娘潘玉红是名副其实的富姐，军人家庭出生的她，继承了军人吃苦耐劳的品质和雷厉风行的作风。潘玉红在初中读书的时候，就到纺织站仓库开始打工，给纺织站拉大板车到仓库送货，每天可获得两块五毛钱的报酬，她暑假打一个月的工可以挣到75元钱。女孩拉板车多辛苦啊，但她不觉得苦，因为她第一次尝到了自己赚钱的快乐，也第一次萌生了将来要赚大钱的愿望。

当她把想做生意的想法告诉父母后，出身军人的父亲和做幼儿教师的母亲表示了最坚决的反对，因为他们觉得做生意不是正经路。在当时的政治气候下，当小商贩就是"走资本主义道路"，不仅没出息，而且没前途。为了斩断潘玉红经商的念头，高中还没毕业，她就被父母托人安排在了南昌市第二染织厂。

半年后，潘玉红开始背着父母偷偷地做生意，她利用叔祖父给自己的800元钱加上自己攒下来的300元钱在中山路开了个小商店，专门从一些小商贩手里进货，卖一些发卡、手链之类的小饰品。既有心想事成的快乐，又能赚些小钱。两个月后，她干脆辞去了染织厂的工作，一心下海经商。她开始批零兼营，不再单纯从小商贩手中倒货。为了减少成本，她开始往返于南昌、义乌之间购销小商品。

在那段日子里，是潘玉红最艰苦的时候。到义乌进货时，为了节省货物托运费，她宁愿自己一个人背好几个大编织袋物品挤火车。为了省点路费，她不舍得买卧铺票，有时候要全程站回南昌，脚都累得浮肿起泡，穿着塑料拖鞋都不敢落地。潘玉红回想当年的进货情景时说："就像是逃荒"。

但是有付出就有回报，有耕耘就有收获。商品的新潮和时尚，经营的节约和科学，使潘玉红的店面很快发展到五十多平方米。这就是潘玉红在中山路掘得的"第一桶金"，然后在此基础上不断发展壮大。不到两年，她的资金就已近60万元。为了扩大规模，潘玉红瞅准时机涉足于工业阀门的销售，时至今日，她已经是名副其实的千万富婆了。

想要得到和富人一样的回报，首先就得像富人一样疯狂付出。即使你拥有了天时地利人和的好条件，如果不伸出你勤劳的双手，永远也别想获得更多的财富。现在很多人每天轻轻松松上班，做着并不辛苦的工作，却还是每天都会叫苦叫累。

让我们看看那些富人的付出，李嘉诚、王永庆、俞敏洪等，哪一个不是将自己的身心都交给了工作。假如他们在工作的时候也抱着三天打鱼、两天晒网的心态，又怎么会取得今日的成就呢？所以，我们要知道，只有勤劳才能采集到真正的"金子"，也只有付出比别人更多的汗水，才能拥有比别人多的成功和财富。不要再抱怨自己每天似乎有做不完的工作，也不要再抱怨上司只会让你加班，你应该感谢自己拥有这些付出的机会。因为只要你抓紧现在的一分一秒，不呈现丝毫懈怠的状态，那么终有一天你会将自己的梦想变成现实。

4. 从没有人被自己的汗水淹死

> > > > > > > >

俗话说："成事在勤"，是很有道理的。一个人无论做什么事，具备什么样的条件，身处什么样的环境，只要肯刻苦努力、专心致志、脚踏实地的坚持下去，人生必然会精彩纷呈。勤劳是富人成功的必备条件，也是穷人走向富裕的不败筹码，只要你肯下功夫，你就一定能取得成功。

鲁迅先生常常用诙谐的语调说："其实即便是天才，在生下来的时候第一声啼哭，也和平常的儿童一样，绝不会就是一首好诗。"当别人都称赞他为天才作家的时候，他说："哪里有天才，我是把别人喝咖啡的功夫用在了创作上。"可见，勤奋是成功者的必经之路，就像一位哲人说过的那样："世界上能登上金字塔的生物只有两种：一种是鹰，一种是蜗牛。不管是天资奇佳的鹰，还是资质平庸的蜗牛，能登上塔尖，极目四望，俯视万里，都离不开两个字——勤奋。"

娃哈哈企业精神"励精图治、艰苦奋斗、勇于开拓，自强不息"十六个字，就是宗庆后本人性格、观念、行为的真实写照。而宗庆后最看中的行为品质是——勤奋，吃苦耐劳。

"简简单单做人，认真勤奋做事。"前半生，因为历史环境的原因，宗庆后的青春白白浪费；后半生，他废寝忘食地工作，夸父追日般与时间赛跑。

从最初的校办工厂开始，宗庆后可以说没有享受过一天的轻松。在创业之初，他每天骑着脚踏车卖冰棍、雪糕。在经营饮料销售时，独自一人又当总经理，又当搬运工。

现在的他尽管已经是中国富豪的前列，尽管娃哈哈已经成为了中国饮料市场的巨头，宗庆后依旧每天身体力行，事必亲躬。每年200多天走访市场，几乎每个一级经销商和宗庆后都是年年相见；每两三天一次，每年100多篇的销售通报，以及日常的报告都是宗本人亲笔亲为；晚上工作常常到深夜1、2点，困了累了就睡在办公室，创业时期是这样，现在还是这样；甚至，勤奋的连理发的时间都没有。

在2008年全国人大代表大会议期间，63岁的宗庆后仍是白天忙着会议，晚上忙着阅读批示、遥控指挥娃哈哈的具体事务。

美国著名作家、商界领袖弗雷德·史密斯根据自己多年的组织管理经验得出了这样一个结论："大多数人都渴望体现自身的价值。"成功学家拿破仑·希尔则对弗雷德·史密斯的话作了最好的补充："提供超出你所得酬劳的服务，很快，酬劳就将反超你所提供的服务。"所以，获得的最好方法就是首先勤奋地付出你的劳动。

正泰集团总裁南存辉当年辍学后是一个走街串巷的补鞋少年，曾有过补鞋时扎破手还得忍痛补完客人鞋子的辛酸经历。回忆起艰辛与磨难的少年时代，南存辉说了句意味深长的话："修鞋那阵子，我每天赚的钱都比同行多，我就凭自己的速度快，修得用功一点，多流一点汗，质量就有保证。"

李嘉诚在他的奋斗过程中也始终把勤奋视为个人成功的要素，他一直深信"一分耕耘，一分收获"。所以，不管是60多年前奔波于饭碗生计的体弱少年，还是如今功成名就、年近八旬的财神，李嘉诚的态度没有丝毫的改变：勤奋工作，勤奋学习，不停地思考自己如何进入人生的下一个阶段。他自己几十年来，日以继夜地奋斗，一天工作十六七个小时。

在回顾自己一生的成就时，李嘉诚有这样一段评价："在20岁前，事业上的成果百分之百靠双手勤劳换来；20岁至30岁之前，事业已有些小基础，那10年的成功，10%靠运气好，90%仍是由勤力得来。"

昔日辛勤的汗水换来的都是今天的功成名就，人有可能被自己的懒惰害死，但是从来没有谁会被自己的汗水淹死。没有勤奋，工作和生活就不会有所突破；离开了勤奋，自然也不要指望自己还能获得大量的财富。

爱因斯坦曾说过："在天才和勤奋两者之间，我毫不迟疑地选择勤奋，她是几乎世界上一切成就的催产婆。"勤奋是通往成功之巅的阶梯，只有那些不畏劳苦勇于攀登的人，才有希望沿着它到达成功的顶峰。同样，穷人只有踏上勤奋的路途，才能弥补一切先天不足的条件，最终通往财富之巅。

5. 富人愿意干别人不想干的事

> > > > > > > >

俗话说："三百六十行，行行出状元。"但是并不是每个行业都有人乐意去做，尤其是死要面子的穷人。现代社会，博士生摆地摊、本科生卖烧饼、大学生捡垃圾已经不是什么新鲜事了，但是这些工作还是有很多人不愿意去做，他们宁愿死守一成不变的低薪工作，也不愿意去做这些"丢脸"但实际上能挣大钱的活儿。

可是我们看到的成功者，无一不是从那些大多数人都不愿意做的工作中开启自己的人生的。李嘉诚最开始是个跑堂的，希尔顿刚开始只是洗马桶的服务生……除了这些"有损颜面"的事情，还有人不愿意做的就是风险太大的事情。所以，那些人只能做平凡的普通人，甚至是穷人。

浙江宋城集团的创始人黄巧灵说："经商成功的关键与众不同，如果是很多人在做的行业，我就不做。"大多数富人之所以能够取得成功，也是因为秉持着她的这个想法。所以他们总是愿意干别人不愿意干的事情，并且最后事实都证明了他们的成功。

成都人王克就是因为愿意干别人不愿做的事，才勇敢地冲出国门，把生意做到了动荡不安的柬埔寨，做到了炮火纷飞的伊拉克。

退伍后的王克被安排到政府机关工作。1999年初，王克意识到，应该去柬埔寨做生意。越是别人都不去的地方，就越是蕴藏最大商机的地方。虽然招来了亲友一致的反对，但是王克仍然怀揣5000美元，和几个四川朋友一起来到了危险与商机并存的柬埔寨。

当时的柬埔寨几乎每天都会发生枪击事件。没过多久，和王克同去的几个人就被吓得跑回国了。王克没有退缩，他把目光锁定在生活用品的贸易上。为了减少开支，他每天骑着自行车四处推销。在推销过程中，王克还冒风险把货赊给客商，销售额由此翻了好几番。很快，他就有了自己的小车。这在经济还比较落后的柬埔寨是一件非常了不起的事情。从那以后，王克给一些大酒店、大超市送货都是自己亲自开车去。

后来，王克发现柬埔寨的木材资源十分丰富，价格也很便宜，特别是废弃的橡胶木树枝完全可以加工成工艺木盘。当时的中国对此已经有了比较先进的木材加工技术。但柬埔寨政府是禁止外商参与柬埔寨国内与木材相关的产业的。

但是，王克不相信别人都不敢做的事情他做不到。他了解到首相洪森的夫人文拉妮是华裔，就通过他人送给了洪夫人十多个工艺木盘。洪夫人看后，非常喜欢，洪森本人看到后，也觉得能把废弃的橡胶木树枝变成工艺木盘是件好事，既经济又环保。终于，王克拿到了项目立项批文。

由于王克生产的木盘价廉物美，很快便成功地销往日本和东南亚各个国家，王克的总资产也达到了五百多万美元。但王克并没有满足，而是将眼光放到了伊拉克。

战争爆发前，许多外国商人纷纷撤出。王克却在这期间三次往返于成都和伊拉克，与部分贸易公司签订了合作事宜。

有朋友劝他说："你想发战争财，就在家里等着做战后伊拉克的重建生意吧！开战时做战争生意不是将脑袋提着玩吗？"但王克却认为，如果一个商人怕冒风险，那还叫什么商人？于是从战争打响的第一天开始，王克就开始往返于成都和伊拉克的周边国家，通过"迂回战术"源源不断地向伊拉克输送生活物资。许多当地的生意人都经受不了这种死亡时时威胁的恐惧而蜷缩起来了，但是王克始终没有放弃，一直在坚守着。

富人说："冒大险赚大钱，冒小险赚小钱，不冒险不赚钱"。一个人即使智商、情商和财商一般，只要胆商出色，照样有出路！因为胆商高的人，在关键时刻往往能果断出击，先行一步，因而比别人更容易抓住机遇，更早获得成功！

一位商人说过："有时候，不被人看好是种福气，正因为没人看好，所以大家都没有杀进来。"我们看到很多小商小贩都喜欢跟风做生意，看到别人做什么生意赚钱，于是就紧随其后。虽然刚开始能赚几个小钱，但是随着越来越多人的加入，自然就没有了市场。但是富人就不同，越是别人不愿意做的事情他们越是做得起劲。也正是因为他们这种敢于吃第一只河豚的精神，才造就了那么多富人的成功。

所以，要想从穷人蜕变成富人，首先你就要抛弃跟风的思想，而要敢于开拓自己、开拓新的市场，敢于去尝试所有人都认为有风险而不去做的事情，这样你才能在无人竞争的领域中如鱼得水，获得想要的财富。

6. 富人相信越努力的人越有运气

> > > > > > > >

我们都知道林语堂先生是享誉国内外的大文学家，在国外，他的名气远远大于在国内与他水平相当、名气差不多的人。表面上看，他幸运地遇上了贵人，在这个人的推荐下，他声名远播。实际上，这个所谓的好运，完全是他积极行动的结果。

一次，一位名士宴请美国知名女作家赛珍珠女士，林语堂应邀坐陪、被主人安排在赛珍珠旁边。席间，赛珍珠知道在座的大多是文学名士，聊天时随口说道："各位何不提供新作给美国出版界印行，本人愿意从中介绍。"在座的人多以为这只是句客套话，全不当真，惟独林语堂当场一口答应。事后，用了两天的时间，搜集自己的英文小品，编辑成册，送给赛珍珠。赛珍珠大为感动，对林语堂的印象极好，回国后全力帮助林语堂，很快打开美国的市场。当日在座的人中，尽是作家、博士，中文大多与林语堂不相上下，英文还有比他强上很多的，但他们最终全都默默无闻了。

对于其他的人来说，并不是上天没有给他们机会，而是他们没有抓住。虽然很多人都谦虚地将自己的成功归功于好运气，但是我们都知道，运气不是等待的，如果没有付出努力去寻找运气，最后的结果铁定是失败。只有善于创造运气，提前就做好准备迎接机遇的人，才能成为最后的王者。

世界石油大王保罗·格蒂掘的"第一桶金"就是他积极行动努力创造机会得来的，这也是他后来发家致富的经济基础。

保罗从小不爱读书，父亲很失望。他给了儿子500美元："这是给你打天下的本钱。两年内，我每个月只能给你100美元作生活费。""我如果赚不到100万美元，我永远不回来！"保罗发誓地说。

保罗带上简单的行李，只身一人来到了石油的盛产地——俄克拉荷马州的塔尔萨镇。他环顾四周，一切都很陌生，各式各样的人都在那儿，都为了寻找石油而来。有的大亨还在这儿建立了壳牌石油公司和菲利浦斯石油公司，专门寻找开采石油。竞争相当激烈，可他不怕，没有勇气还赚什么钱。

当时一个已经赚足了钱的石油大王伯恩达吹嘘道："石油发财要靠运气，除非他能闻出石油，即使在 3000 英尺以下也能闻得出来。"保罗很不服气，发现石油是要靠运气，可运气不是坐着等着就会上门的，你伯恩达有什么了不起的，不过是赚了钱后的胡言乱语罢了。

1915 年冬季，保罗得到一个消息：有一块地皮叫"南希·泰勒农场"的要拍卖。他怦然心动，因为不少人都说那块地皮下一定有石油。快，迅速出击，不要让别人跑在前面。于是，他马上开车奔赴现场。

勘察了一圈，他凭直觉猜测那块地很可能蕴藏着丰富石油。但保罗兴奋不起来，因为一场激烈竞争是免不了的。保罗想："公开竞争，我是不会赢的，我只有 500 美元啊！怎么办？靠硬拼是不行。"

保罗开着车来到他存款的银行，要求派代表替他喊价。他故意神秘兮兮，做出不肯透露谁是真正的买主的样子。在他的游说下，银行的一位高级职员同意到时候和他前往。公开拍卖开始了，银行高级职员首先举牌，引起在场的人一阵惊讶和骚动……一些向银行借钱的人不出声了，和银行没有借贷关系的人低声议论，来者不善啊！最后，那个银行职员——实际上是保罗以 500 美元的价钱买下了这块地皮的石油开采权，那只是报价的三分之一。

保罗迅速雇人架设起铁架和钻井，钻头开始伸向地下……一天天过去了，第二年 2 月 2 日，在井的 400 多米深处，出现一层带有油渍的沙土，这意味着，这口窨井有没有油，在 24 小时内将揭晓。第二天，他的油井钻出了石油。

美国的杰斐逊总统说过："我是绝对相信运气这回事的，并且我发现，我工作越努力，我的运气就越好。"保罗是幸运的，他用他积极的行动证明这个幸运是他自己创造的。就像那句"没有谁能随随便便成功"的歌词一样，任何一个成功者的背后，都一定有着辛酸艰苦的故事。天上不会掉馅饼，没有谁注定就有成功的运气，也没有谁注定会失败。与其相信运气，不如相信自己的努力，你越是努力，你的运气就会越好。

7. 第一是能吃苦，第二是会吃苦

> > > > > > > >

马云说："创业者要有吃苦二十年的心理准备。"他不怕吃苦，愿意吃苦，所以缔造了阿里巴巴的传奇王国。自古以来，凡是将成大事者，都必定会经历一番磨难，而能吃苦则是他们获得成功的秘诀之一。真正有远见卓识的富人不仅能够承受住各种各样的磨难，重要的是他们懂得吃苦，并且不是盲目的吃苦。他们会将经历和时间耗费在值得做的事情上面，而不是一味地做无用功，吃不必要吃的苦。所以，要成功，除了能吃苦外，还要会吃苦。

1946 年，李嘉诚还只是一个小五金厂的推销员。不过与别人不同的是，他做推销总是用脑子，每次行动都独具心思。

当时，大部分的推销员都只在日用品杂货铺推销，而他却直接向酒楼、旅馆进行直销业务，每次要货都达 100 份。另一方面，他向中下层居民区的老太太推销，卖一份就等于卖了一大批。因为，老太太都是他的义务推销员。结果，五金厂生意兴旺。

后来，为了找寻更大的机会，李嘉诚又来到另外一个小工厂——塑胶裤带制造公司做推销员。他充分利用当茶楼跑堂时的脚步功夫和察言观色的本领，以及富有针对性的说服方法，让推销业绩远远超越了同事。一年后，他的销售额足足超越了第二名 7 倍，结果可想而知，他被提拔为业务经理，那一年李嘉诚刚刚 18 岁。

当时的李嘉诚还只能算是个小孩子，可在推销上却常常出奇制胜，功夫已经到了炉火纯青的地步。比如：一家新旅馆开张，李嘉诚的同事在旅馆老板处碰了一鼻子灰，可是他却冷静观察，多角度思考，最后采用迂回包抄策略，从老板儿子身上找到了突破口。

后来，由于铁桶在与塑胶桶的遭遇战中落败，李嘉诚看准塑胶业必将勃兴，毅然投身于塑胶行业。在这里，他照样做得风生水起，显露了他出色的商业才华。

李嘉诚主张："推销产品的同时，更要注意推销自己，强调推销员自身的包装。"最重要一点是，他在做生意的时候，总是有意识地去结交朋友，先交朋友，再谈生意，有了良好的关系，要做成生意自然不是难事。

所谓苦尽甘来，一个人如果不愿意吃苦，不愿意接受挑战，即使是拥有盖世的才华天才也会逐渐陨落。当然我们除了要有吃苦耐劳的精神之外，还要学会用智慧将苦变成甜，如果有些事情即使吃再多的苦，也不可能让你看到胜利的曙光，那么就要立即转向，千万不能一条道走到黑，否则，你将永远陷在黑暗中无法自拔。

上世纪 90 年代，钟燕珊在广州新市给一些外企大公司、大酒楼提供蔬菜活禽的大单生意，生意十分红火。1995 年，25 岁的她到从化同伴家中玩。当她与同伴一起下田耕种的时候，被山间的美景和淳朴的民风所打动。于是她到从化良口租了麦塘村一个山坡的荔枝园，立志干一番大事业。

刚到荔枝园，她却发现花了好几万元买来的 450 棵果树树叶呈现干涩无光的黄绿色。对果树栽培一窍不通的她，请教当地老农后得知，这是缺肥严重所致的。于是钟艳珊便每天去地里除草、修枝、松土、配药、除虫……经过一番辛苦的劳作，硬是把奄奄一息的荔枝园救了回来。

初战告捷，她开始考虑下一步计划。她得知广州市场上的兔子都是来自外省，兔子食草，成本也不高。她在学习了养殖技术后，花了 12 万元从北京进了 600 只新西兰白兔，可是一周后，就有近 200 只兔子死亡。次年3 月，经受住考验的种兔们陆续产下 3000 多只小兔，可由于对小兔的预防不到位，又有 1000 多只小兔死于了"球虫病"。

钟燕珊的创业路上屡遇挫折，但她从来没有放弃。现在她的种兔培育养殖场已成为了广东绿色兔业基地，她也成了远近闻名的"玉兔姑娘"。

本来在城市有着稳定工作的钟燕珊，却敢想敢干，竟然一个人跑到农村做起了果农和养殖户，如果没有吃苦耐劳的精神是绝对无法做到的。现在很多从农村走出来的年轻人宁愿在城市里混日子，也不可能回到农村去做那么辛苦的工作，这也是为什么他们一辈子也不可能成为有钱人的重要原因。

能吃苦是富人最有利的成功武器，也是给他们带来巨额财富的重要工具。假如你也想成为有钱人，就一定要摆脱心灵的桎梏，像富人一样，放开手来大干一场。相信你经过苦难的千锤百炼之后，一定会站在胜利和财富的巅峰。

偷

——富人不说却默默在做的99件事

学

第四章

chapter4

富人耐得住寂寞，
财富都是熬出来的

1. 富人常常都是"偏执狂"

> > > > > > > >

珠海市魅族电子科技有限公司的总经理黄章被称为中国的乔布斯，因为他的思维、行事方式处处与众不同。大凡企业家都需要交际，需要朋友，可是黄章的观点确是：朋友无用，越少越好。所以，这位著名的企业家在珠海只有两个朋友。办企业讲究进退有道，游刃有余，他却看准了目标就破釜沉舟，自断后路。企业家们都是经常出差，到各个地方去考察市场，拓展客户，但是他却把自己封闭在珠海的楼里（里面有互联网），不踏出围城半步。有人说，他的偏执已经近乎疯狂，但是就是这样的一位"疯子"，却取得了如此巨大的成功。

由此可见，大多成功者都是从执著中诞生的。所以英特尔公司前 CEO 安迪·格鲁夫才说："只有偏执狂才能生存。"因为只有坚持自己的目标与信念，才会用尽全力去实现自己的目标，成就自己的事业。

他是一位相貌丑陋、有着蹩脚南方口音的美国人，有过短暂的婚姻，最后又死于非命。他的一生充满了坎坷和不幸，只有过一次成功，于是他帮助了好些人。他的故事是这样的：21 岁做生意失败，22 岁角逐州议员失败，24 岁做生意再度失败，26 岁爱侣去世，27 岁一度精神崩溃，34 岁角逐联邦众议员落选，36 岁再次角逐依然落选，45 岁角逐联邦参议员落选，47 岁提名副总统落选，49 岁角逐联邦参议员依然落选，52 岁当选美国第十六任总统，这个人的名字叫做亚伯拉罕·林肯。

看了亚伯拉罕·林肯的经历，也许有很多人都会说他太过偏执，浪费了那么多的时间。如果这样的情况发生在自己身上，肯定早就改道行驶了。但是，成功的秘诀，就在于确认出什么对你是最重要的，然后拿出各样行动，不达目的誓不罢休。而那些喜欢半途而废的人，大多是无所作为的人。

泡泡网的 CEO 李想曾经说过这样一段发人深省的话："从柳传志、比尔·盖茨的身上，我看到三个重要的因素：坚持、偏执和优秀的助手。许多人因为别人的劝解而主动放弃自己的偏执，而成功者则选择努力用其他办法去弥补这种性格的缺失。于是，柳传志开辟了中国企业资本运作的先河，而盖茨则改变了一个时代，背后的东西其实很相似。"

在一般人看来，偏执是人性中一种错误的性格特点，他们认为偏执的人是不懂得变通的人，而这些只有一根筋的人是不可能取得卓著的成绩的。其实不然，因为这些人正是因为有了偏执的想法，并且敢于将自己的观念坚持到底，所以最后才取得了成功。

有人说："白手起家的李书福，偏执张狂个性的背后，有着草根阶层与生俱来的无畏和执着。"在创业路上，李书福一路过关斩将，突破了国家产业政策的重重禁区，成为了中国民营企业造车第一人。对于汽车，他是个外行，可是却在众多专业人士云集的汽车领域里混得风生水起，成为中国汽车飞速发展年代的汽车行业杰出代表，也是中国汽车自主品牌的一个代表人物。

在一次电视访谈中，当时的中国商界大腕云集一处。李书福曾经说：要造中国老百姓买得起的车，让包括每一条乡村道路在内的道路上都有他造的车。于是在场的观众和商界嘉宾轮番发问，总之，一百个不可能。李书福无法招架，最后只有一句话：反正我要造车。于是，下面哄堂大笑。

但是现在，看看吉利汽车，恐怕没有人再去嘲笑他当时的"天真"了。如今，吉利车正像一群出了围栏的马，不仅奔跑在中国的道路上，就连国外的许多马路上，也能看到吉利汽车飞奔而过的矫健身影，这足以叫当时的许多人瞠目结舌。

戴尔电脑公司的创始人迈克尔·戴尔也承认自己是偏执狂，并为自己做出了解释，他说："你生活在恐惧中，总担心一些关键因素会发生变化，导致所有的事都发生变化，比如改变你的客户、你的业务、你的产品等等。所以'偏执狂'就是永远对这些因素保持警惕，永远不能松懈。"

卡耐基也说："只有偏执狂才能成功。"我们看到但凡取得非凡成绩的人，大都有过被人们视为偏执狂，被人另眼相看的遭遇。但他们大都凭着自己的执著及决心，最终实现了自己的目标，取得了惊人的成功。有些人之所以普通，之所以没有成功，就是因为不够坚持，不够偏执。在现代社会，也只有那些能够坚持原则、理想和目标，而不随波逐流的偏执狂们，才是值得人们崇拜和肯定的英雄。

2. 成功是"磨"出来的，财富的积累离不开忍耐
> > > > > > > > >

1987 年的"火烧武陵门"事件之后，"温州鞋"名誉扫地。康奈集团总裁郑秀康决心创自己的品牌，并取名"康奈"，其意就是"健康发展，其奈我何"。与此同时狠抓产品质量，注重研发提升产品档次。1993 年，全国一批知名鞋业企业在上海开会评"十大鞋王"，康奈集团一副总带着新研制的欧版鞋赴会，却遭到与会 59 个鞋厂老总的排斥。大会组织者告诉康奈副总，只能在会议室门外听，一点也不顾及他的面子。好在该副总能忍耐他人的白眼，就站在会议室门外开会，以此来争取参加评选的资格。到参评的时候，"康奈"的产品质量几乎让与会者不敢相信。要是这位副总忍受不了这样的"胯下之辱"而一走了之，"康奈"纵然有实力，也没机会评上"十大鞋王"。

在有些人的眼中，忍耐常常被视为软弱可欺。而实质上，忍耐是一种修养，是在经历了暴风骤雨的洗礼后，自然所生的一种涵养。忍耐能够磨练人的意志，使人处世沉稳。忍耐可以使人以坚强的心志和从容的心态面对人生。忍耐是富人的一种理智，是富人的一种美德，是富人的一种成熟。一个追求更大成功的富人，往往在关键时刻，能够忍得住，挺得住。

黄宏生当年随着上山下乡的大潮，来到海南的李母山区当了知青。在日复一日恶劣的劳作生活环境中，黄宏生始终没有失去斗志。为了让自己不断学习，他一直坚持写日记，想尽办法找书来看。

大学毕业后，黄宏生进入工作。3 年后，28 岁的黄宏生被破格提拔为常务副总经理，副厅级待遇。人生和事业都进入春风得意的阶段，但毕业时的理想却使他难以平静。他决定放弃现在所拥有的一切，去香港打

天下。

1987年春，黄宏生不顾同事们的挽留和劝谏，毅然辞掉了令人美慕的职位，只身"下海"。可是打击很快来临，他创立的"创维"小公司亏损严重、与菲利浦公司的工程师合作开发的丽音解码器没人愿意买、开发的彩电产品无人问津……经过一连串的失败，黄宏生已经债台高筑，陷入了绝境。

就在黄宏生快要走投无路的时候，他以前的领导到香港去看他，那时他已经瘦成皮包骨头了。领导告诉他随时欢迎他回以前的公司，还劝他"苦海无边，回头是岸"。

但黄宏生并没有当逃兵，而是在忍耐、在坚持、在等待。黄宏生想，大家对他有这么高的期望，还是应该卧薪尝胆、再忍耐一段时间。实在不行的话，再打道回府。

就这样，在苦苦的等待中，黄宏生终于抓住了机会。1991年，香港爆发了一场收购大战，迅科集团由于高层内讧，决定将公司拍卖，从而引来各路富商大竞标，而迅科集团一批彩电专家则受到排斥。看起来，黄宏生根本没有收购和参战的能力，可是最后却出奇制胜，成了竞标的赢家。他把目光瞄向了迅科彩电开发部的技术骨干，出让公司15%的股份将他们纳入旗下，使企业获得了强有力的技术支持。9个月后，创维开发出国际领先的第三代彩电，在德国的电子展上获得了第一笔2万台的大订单。创维靠技术征服了欧洲市场，从绝境中走了出来。

具体到赚钱行为中，忍耐肯定能给富人带来机会与财运。如果只是挣硬气、好面子，不懂得忍耐之道，不知晓伸缩之理，那么，你会看见钞票从眼前哗哗流过，而自己一无所获。富人能赚钱的一个重要原因就是忍耐。为了能赚钱，他们面对浪迹天涯、抛妻别子的思乡之苦，脏活累活苦活全干的身体之苦，屡遭白眼与冷嘲热讽的心里之苦等，都能够从容不迫地忍耐。

指甲钳大王梁伯强一次次创业，一次次辛苦累积财富，而每一次点滴积累的财富，最后总是被各种各样莫名其妙的原因剥夺。要是一般人早发疯了，可梁伯强都忍下了。电话大王吴瑞林当初创业失败，"走在路上，平时笑脸相迎的乡邻竟然一夜之间形同陌路，不断有人在我身后指指点点。没多久，孩子们就哭着回家告诉我，老师把他们的位子从第一排调到最后一排去了，学校里的同学也不和他们玩了。"吴瑞林不得不带着家人悄悄离开了故乡。而最终，他们都成功了。

在富人眼里，忍耐是一种美德，忍耐是必须具备的品格。在生活中，有很多人就是因为缺乏忍耐的个性，而失去了很多与财富接触的机会。对于想挣大钱的人来说，只有努力培养自己的忍耐的能力，不被眼前的蝇头小利而诱惑，眼光长远地能等待最佳时机出手，才能实现挣钱目标，赚到大钱则是水到渠成。

3. 富人执著于与众不同的观点，极少受别人言论的影响

>>>>>>>>

快乐罗兰创立的快乐公司，是一家填补 7 岁到 12 岁女孩市场的公司。创立之初，员工一致反对为女孩配套的书籍，认为没有用。但是罗兰坚持认为这是开启"美国女孩"的成功之门。在随后的五年里，"美国女孩"的营业额以每年 5000 万美元的速度增长，最终达到了 3 亿美元。"固执"的罗兰最终成了富甲天下的富婆。

一位青年企业家在一次讨论会上说："如果做事怕别人提出反对意见，就放弃了自己的想法，那你就失去了你自己。做人做事，要有明确的立场、要独立。"他进一步说："每个人的想法都不会完全一致，我们不能要求每个人的看法都与自己相同。因此我们做人做事要看我们想达到的目标效果，而不要过于顾虑一些人的议论。时间可以证明一切，当你成功了，那些议论自然也止息了。"

巴威尔没有选择和他财力对等的享乐型生活，而是选择了写作。但是，他经过万分艰辛创作出来的首部诗词《杂草和野花》是个败笔，被当时的文学界讥讽为真正的"杂草和野花"。许多当时颇有影响的文学家不屑一顾地相互议论说："巴威尔那个家伙真不自量力，以为凭一句'啊！美好的生活'就可以青史留名，真是可笑，太可笑了。"他因此成为当时

文学界最大的笑料，是人们茶余饭后消遣的最好谈资。

他再次努力的结果是小说《福克兰》，又是一部失败之作。这次，曾嘲笑他的人更坚信自己的看法了，他们像宣告真理一样：垃圾根本无法回收。

巴威尔依然没有放弃，继续笔耕，坚持不懈，他相信自己的创作总有一天会被世人认可。通过不断的努力，广泛阅读，最终他走向了成功。继《福克兰》之后，他在一年之内又发表了作品《伯尔哈姆》，引起了读者的好评。从此一发不可收拾，巴威尔开始了长达30多年的文学生涯，其间创作了一系列优秀作品。

如果巴威尔一心沉沦在别人嘲笑讽刺的言论中走不出来，而不是执著地坚持自己的创作，那他肯定不会获得后来的显著成就。不过在生活中，很多人依然习惯被他人的言论所左右。当他们决定去做某件事的时候，如果听到"绝对不可能成功"、"这种方法是行不通的"、"简直是天方夜谭"之类的话语，他们第一时间想到的就是放弃。因为他们总认为，既然那么多人都提出了反对意见，自己的想法应该也不可能成功，这就是某些人的做法。

但是我们看看那些富人。他们如果有了既定的目标，即使要承受众多的流言蜚语，哪怕遭到所有人的反对，他们也不会有丝毫动摇，反而会更加坚定自己的观点，直至成功。

石油帝王保罗·盖蒂1902年出生在美国明尼苏达州。1916年，保罗和父亲合组了盖蒂石油公司，他拥有30%的股份。他疯狂地钻井，第一眼是干的，但是他毫不在意，继续钻第二眼井。在当时，石油地质科学还没有被普遍接受，许多油商对"书呆子"能为他们发现石油的观念都嗤之以鼻。保罗没有时间顾及他人的看法，他坚持学习最新的地质科学，并一步步实践着。

1930年，保罗父亲去世。很多人劝告保罗把父亲和他自己的公司全卖掉，因为他们预测："商业界会每况愈下，经济就要全面崩溃了。"可是保罗却不这么想，他一直坚信经济总有一天会复苏的，并且认为股票市场低迷的时候正是应该买进的时候。石油股票价格低得惊人，有的只是它真正价值的1/20。买这种股票，就等于花一美元买进20美元。保罗开始构想一个完整的综合石油企业组织：勘探、采油、运输、炼油、经销零售市场。盖蒂公司有的是现金和货款，要好好运用一下，现在是个千载难逢的好机会。

保罗的做法，让所有人都发出了反对的声音。当他宣布有意购进加州七大石油公司之一的潮水公司的股权时，就连一直支持他的密友也怀疑他"是否疯了"。因为人们常常看到大石油公司收买凿井人的小厂，还没有见过一个凿井人要买大公司。

不过只要是保罗认定的事情，他绝对要抗争到底。一年多的时间里，他买下了73.4万股，成为了公司的董事。而且在之后的工作中，他从来都不被他人的言论左右，即使遭到所有人反对，他也始终坚持自己的看法，并且用事实证明了自己观点的正确。

著名数学家华罗庚曾说："科学上没有平坦的大道，真理的长河中有无数礁石险滩。只有不畏攀登的采药者，才能登上高峰觅得仙草；只有不怕巨浪的弄潮儿，才能深入水底觅得丽珠。"大多数成功的富人都是在堆积着无数嘲笑的道路上走过来的，面对嘲笑，面对他人不屑的言论，我们要像爬上塔顶的那只失聪的青蛙一样，将这些声音通通拒之耳外。这样你就能将所有的言论踩在脚下，微笑仰视雨后的晴天，享受财富带来的喜悦。

4. 专注——富人的神奇之钥

> > > > > > > > >

2006年，腾讯公司首席执行官马化腾被评为达沃斯经济论坛该年度全球青年领袖之一。在领奖时，他说："专注成就理想，创新则是根本。我和腾讯所有员工一样，有一个共同的目标，就是希望腾讯能成为最受尊敬的互联网企业。"同样的，在2006年的博鳌亚洲论坛年会上，有记者采访了作为全球最大的中文搜索引擎"百度"的创始人和当家人——李彦宏。当记者问他成功的秘诀时，他的回答也只有两个字：专注。

由此我们可以看出，成功者最重要的特质之一就是专注。很多成功者，就是因为在做事的时候精力集中，致力于某一领域的研究或发展，才攀上了事业巅峰。在如今竞争激烈的社会中，专业化的趋势发展越来越明显，一个人如果没有专心致志的精神，那么就很难取得事业上的成功。所以，要想获得成功，赢得财富，你就必须让自己具备成功者拥有的专注素质。

用友软件公司董事长王文京仅用13年时间就成功缔造了用友软件，并且牢牢地占据中国财务软件霸主的位置。而他这个人，从一个穷书生发展到拥有数十亿元的老总，他的成功就像是一个神话。对此，王文京概括他的成功秘诀为："一生只做一件事，要专注并且坚持。"

在他24岁时，对财务软件充满兴趣的他毅然辞去公职，怀揣借来的5万元，和朋友在中关村租了间9平方米的办公室，开始了他的第一次创业。仅仅两年时间，用友财务软件就占据了全国同类产品市场的最高份额。这把交椅一坐就是十年，他的对手换了一个又一个，用友却一直稳稳当当地保持着它的领跑地位。

1992年，深圳、海南刮起了一股房地产风暴，很多人炒楼暴富。几乎所有有点儿多余资金的企业，都想到房地产领域里去试试身手。当时，王文京的公司做得很艰难，业务有发展，但规模有限，工作非常辛苦，于是用友也拿出一部分资金去"多元化经营"。但王文京很快发现，自己在这个领域全无优势，他决定立刻抽身。重新坐到电脑前的王文京，从此心无旁骛。

正是凭着这一朴实而坚定的人生信条，王文京一步步地实现着用友的梦想——1988年王文京开始创业的时候定了一个规划：10年做到3000万。而事实是，10年后用友的销售额超过了3个亿。

比尔·盖茨在谈到他的成功经验时说："我不比别人聪明多少，我之所以能够走到其他人的前面，不过是我认准了一生只做一件事，而且把这件事做得更完美而已。"很多人之所以难以干出大事业，难以得到财富，就是因为浮躁。总是想着干许多事，一会儿想着这个行业，一会儿又想着那个行业，结果在哪都赚不到钱。所以，我们要学会专心致志，不受任何内心欲望和外界诱惑的干扰，对既定的赚钱目标不离不弃、不懈努力。

1999 年，国内的互联网正是最风光的时候，李彦宏与好友徐勇回国创建了百度。李彦宏认定，国内网站当时背后并没有技术支持，主要是依赖国外搜索技术。这种情况使在多家美国公司从事过信息检索技术工作的经历并拥有一项搜索引擎美国专利的他，有了创业的空间。于是，李彦宏投入了竞争激烈的搜索行业。

他们的公司在成立之初只有 8 个人，其中工程师只有 5 个人。当时市场并没有看好搜索，虽然美国有很多 IT 公司都用搜索引擎的概念，但是当年搜索引擎并没有赚到钱，其中不少公司被迫转型做门户。看到门户疯狂烧钱，李彦宏强烈意识到资金的重要性，但是他并没有放弃，而是开始节俭，1999 年首期风险投资准备让他花半年，但他却做好了花一年的打算。

从 1994 年搜索引擎的诞生开始，一直没有停止过技术的发展。李彦宏的想法是，只有在搜索技术上做到最好，才是树立品牌的最快途径。李彦宏认为，不必急于从新开发的产品中赚到钱，重要的是网民们都喜欢来使用。"只要大家对品牌的认可度提高，总有办法赚到钱。"李彦宏说。

在随后的几年里，李彦宏坚持百度的运营，专注于改善搜索引擎的优势，搜索已经成为了李彦宏生命中必不可少的一部分。2001 年是搜索引擎最不被看好的时候，大量的搜索引擎在转型为传统公司的时候死掉了，或者被收购。但是当时百度却推出了自己的网站，并且开始给门户网站提供搜索引擎服务。4 年时间造就了百度中文搜索第一，并且利润呈现两位数增长。

爱迪生说过："人们整天都在做事，但大部分在做很多很多的事，而我却只做一件事。如果你们将这些时间运用在一个事情、一个方向上，一样会取得成功。"专注是成功者的特质，也是穷人赢得财富、走向成功的必要条件。只有当你下定决心，认真并坚持去做好一件事情的时候，你才能顺利打开财富之门。

5. 富人善于等待，所以能得到更多
> > > > > > > >

有人说，在成功的道路上，如果你不能耐心的等待成功的到来，那么，你只好用一生的耐心去面对失败了。赚钱从来就不是一蹴而就的事情，成功的过程就像是一场马拉松比赛，只有坚持到最后的人，才能成为胜利者。那些成功的富人们做任何事情都会控制自己急躁的情绪，因为他们知道，耐心等待是一种智慧，同时也是收获更多财富的根本。只有具备了持久等待的耐心，你才能拥有更多成功的机会。

袁野到一家报社应聘，当他匆匆赶到的时候，里面已经占满了应聘者。不久，一位报社职员给所有人发了一张简历表，并说道："主编现在正在开会，请大家耐心等待一会儿！"然后将他们领到了一间宽敞的办公室。

时间一点点过去了，眼看着已经等了一个小时，可是主编还是没有出现。又一个小时过去了，有人开始显得烦躁不安，甚至有人发起了牢骚，袁野也和他们一样，开始有点烦躁了。到了12点的时候，终于有人忍不住摔门而去了。袁野也想走掉，但是一想，都等了这么长时间了，不见到主编实在不甘心啊。不久，整个屋子只剩下了袁野和另外一个人。

他感到有点无聊，于是想找那个人聊天以打发时间。他问道："你是来应聘什么职位的？"

"我不是来应聘的。"那个人扭过头看了一眼袁野，漫不经心地说道。

"那你在这儿等了一上午做什么呢？"袁野人十分惊讶地望着他。

"你觉得在报社工作需要具备什么条件呢？"那个人没有回答他，反倒向他发问。

"应该是细心和耐心！"袁野想了想说。听了他的话，那个人脸上露出了笑容，他说道："恭喜你，你被录取了。"袁野这才恍然大悟，原来他就

是报社的主编，也是这次面试的主考官。

很多时候，机遇往往就藏在多一秒的等待中，袁野正是比别人多了一份耐心，才最终获得了这份工作。现实生活中，很多人都过于急躁，总是急于求成，却常常得不偿失。那些不懂得等待的人，会感觉等待是一份苦涩和痛楚，交织着泪水和汗水，让人坐立不安，彻夜难眠，还时常会被命运捉弄。相反，那些懂得等待的人，往往具有深沉的耐力，具有超出常人的胸怀，具有成熟人士的稳重，具有不受外物影响的心境，这种人常常受到了命运和机运的青睐。

北京房云盛玻璃钢有限公司董事长周明云以生产水箱起家，1998 年时企业的产值已经达到千万元。但这样的企业境况并没有让周明云感到满意，她知道，水箱的市场应用量远远低于门窗产品。于是曾经就职于中国玻璃钢协会的周明云便有了研发生产玻璃钢型材及门窗的想法。

当她开始着手去做的时候，很多人却纷纷建议周明云放弃玻璃钢转而生产其他材质的门窗产品，因为其他的材质成本可以当年收回。专家也给出了建议：在国际市场，玻璃钢门窗在生产技术上并没有发展起来，其技术、成型工艺难度都很高。国内的企业曾引进过加拿大的玻璃钢门窗产品，但仅限于生产玻璃钢复合门窗，在市场上并没有形成应用趋势。

多方的建议并没有让周明云放弃自己的想法。她在设备、模具、工艺、材料一切都是未知的情况下就开始着手，经过两年研发终于生产出了第一批产品。但是结果并不乐观，前期投资的 200 多万元没有任何收益。

此后也有相当长一段时间的亏损，门窗产品 2000 多万元的科研经费被水箱业务和后期贷款等消化。面对这种状况，周明云并不后悔，直至研制出第五代产品，她终于赢得了市场的尊重。企业产值也从 1000 多万元迅速上升到了 5000 多万元，实现了玻璃钢型材及门窗的综合性全面的先进技术，以及大批量的工业化生产。

现如今在北京上百栋建筑物中，包括奥林匹克森林公园、万寿宾馆、大专院校及部队住宅小区都有房云盛的玻璃钢门窗。去年，她的产品已进入广东、海南、辽宁、内蒙古、新疆等省区。

有句俗话说："心急吃不了热豆腐"。如果一个人缺乏耐心而急于求成，就会失去很多成功的机会。这正说明一个人的忍耐力是成功的关键因素之一，是快乐而有益的人生的一个很重要的品质。毕竟，有些事情的确值得等待。

很多人认为，等待是懦弱的表现，不是英雄所为。但是富人却明白，成功的过程需要人们细心去体会。有时候，即使付出了努力，也不会马上就有收获，就好像回音一样，总是等上一会儿才能听到。富人说："等待让人憧憬，等待给人希望，等待带来生机，具有大将风范的人都明白等待的意义。"只有在等待中，我们才能养精蓄锐储存力量，然后一举攻破成功路上的绊脚石。生活的精彩，也只有在静穆的等待中才能成就惊世骇俗的豪迈。

6. 富人相信：今天很寂寞，明天很寂寞，后天很美好

> > > > > > > >

盛大网络集团董事长陈天桥曾说："在现在社会，我们觉得不缺的是机会……太多的机会在你面前，我做了张三，还可以做李四，做了 A 可以做 B，实际上现在需要静下心来，要真正地耐得住寂寞，这是非常关键的事情。"他刚毕业时找到的第一份工作就是每天给客户播放宣传片，工作枯燥无味，充满无限寂寞和孤独。但陈天桥耐住了孤独寂寞，坚持了下来，最后他升到集团公司董事长秘书一职，工作不再无聊而是富有挑战性、多彩性，成就了现在的辉煌事业。

某位哲人这样说过："只有耐得住寂寞的人，才能取得真正的成功"。谋大事、成就大事者，起初往往是寂寞、孤独甚至是无助的。所以在很多富人看来，享受寂寞，是一种情操，更是一种领悟。寂寞会让人产生梦想，人类因为梦想而进步，今天的寂寞暗示了明天的成功。想要获得成功，就必须学会忍受寂寞。

马寅是清华大学的博士生，成绩好，能力也很出众，亲朋好友都认为他会进入 500 强的公司，但是他却在网上选择了一家并不是很出名的小公

司。通过考察，他发现公司虽小，却能让自己得到锻炼，也会有发展前途。于是，他顺利进入了这家公司。

找到工作应该是一件令人开心的事情，但是马寅迎来的不是家人朋友的祝贺，而是无尽的寂寞。因为该公司的名气不怎么大，而且在营销方式上也有独特的一面，与传统的营销模式有所区别，所以不被马寅的家人理解，都认为他误入歧途。朋友们也在疏远他，更不支持他。他在无尽的寂寞中学习业务知识，不断提高自己、锻炼自己，从未想过放弃。他在寂寞中不断努力，业绩蒸蒸日上。不到一个月，就为公司创下了二十万的利润，从而得到公司的器重。

为了拓展业务，公司决定在武汉开一家分公司，由马寅担任总经理。为了更好地发挥自己，让自己的能力得到充分展示，马寅踏上了南下的列车，告别了熟悉的环境与温暖的家人和朋友。周围的一切对于马寅来说都是陌生的，陌生的脸孔，陌生的环境，一切都将从零开始。望着这个陌生的城市，寂寞的他心里不禁有一些难受。

顾不得那么多，马寅安顿好一切之后便立刻开展工作。由于当地的风土人情及生活习惯与他所在的地方相差很大，以前制定的一切计划全部被否定。所以，刚开始工作非常辛苦，进程缓慢。作为总负责人，背负的压力远远超出了公司的其他职员。工作上的压力让他感到寂寞难耐，本就不被家人朋友理解的他更是找不到诉苦的人，但这一切他都忍耐了下来，并将全部心思放在了工作上。他一鼓作气，开发产品，拓展客户，开拓市场。不久，公司的产品就在武汉及周边城市铺陈开来，公司的利润节节攀升。他的成绩得到了所有人的肯定，家人朋友也终于都对他伸出了大拇指。

作家刘墉说："年轻人要过一段'潜水艇'似的生活，先短暂隐形，找寻目标，积蓄能量，日后方能毫无所惧，成功地'浮出水面'。"但是在现实生活中，很多人都害怕面对寂寞。在成功的道路上，他们总会在寂寞时回头，走向平庸。所以，当你立志闯一番事业、满怀信心地描绘心中的蓝图时，你一定要做好与寂寞长相厮守的准备。

我们都知道马克思是伟大的思想家、政治家，是社会主义理论的奠基者，但是他的成功是奠定在寂寞的基础之上的。他生活在一个资本主义国家里，他所研究从事的工作当然不会被认同，因此他被他自己国家的政府视为叛逆者、眼中钉。他没有稳定的居住地,一生穷困潦倒,不被世人理解,大部分生命都是在孤独和寂寞中度过的,但他从未放弃过他自己的理论。正是因为他这种不怕孤独的心态,更让他坚定了自己的信念,为社会主义做了突出的贡献。

鲁迅曾经说过:"当我寂寞时,我感到充实。"的确如此,正是因为寂寞,鲁迅先生才写出了那么脍炙人口的好文章,每字每句都如同一把锋利的匕首,深深地插进了敌人的心脏,唤醒了当时众多被欺压的中国有志人士。在社会竞争如此残酷的在今天,一个人想要取得成功,就必须经受住无尽的寂寞。就像鲁迅说的那样:"不在沉默中爆发,就在沉默中死亡。"一个成功的人,如果能够在寂寞中生活得有滋有味,那么他一定能够获得常人望尘莫及的财富。

7. 胜者为王,富人从不会轻易放弃

> > > > > > > >

雅虎中国前总裁周鸿祎说过这样一段话:"我特别喜欢创业,也善于创业。我一直觉得,只有创业,才能有快乐,才有成就感……我一直觉得,什么事都应该去试试,哪怕会失败。我认为,人生最大的遗憾莫过于当时想做而没有去试试。年轻时最大的收获,就是养成了坚强的意志,能够承受很多的磨难和打击,并且不会轻易放弃,只要有1%的机会,就会用100%的力量去争取。勇于尝试、不轻易放弃……这是我能走到今天的原因。"

从不放弃,这不仅是周鸿祎成功的重要原因,也是所有富人成功的原因。在人生的航线上,没有一个人是一帆风顺的,狂风暴雨是在所难免的。但是很多人都经不起强风的肆虐,早早返航,躲进了安全的港湾。可是那些决心成功的富人从来都不会退缩,在惊涛骇浪向自己扑过来的时候,他们选择的不是逃避,而是伸出双手劈波斩浪。这样的人又有什么理由不被财富之神眷顾呢?

张书英是北京燕兴隆集团的创始人，她之所以能够成功，就是因为她有一股永不放弃的"拧"劲儿。她出生在北京市平谷区一个贫困的农民家庭，从小学二年级的时候开始，就随父母一起下地劳动。结婚以后，婆家也不富裕，孩子长大之后要上学，连学费都交不起。张书英那时就想，要是能自己办个厂子，挣钱供孩子读书就好了。

1987年，张书英的命运发生了重大的转折，使得她要挣钱供孩子读书的朴实愿望变成了现实。当时，北京石景山炼钢厂炼过的钢渣，变成废物处理时，不但污染环境，而且浪费人力和物力，因此炼钢厂负责人宣称："只要不污染环境，购买钢厂的设备就可以免费使用钢渣。"听到这个消息后，张书英心理产生了一些想法。她私下去请教了专家，得知在钢渣里加上焦炭和岩石，便可生产出用于管道保温的新型保温材料。张书英看到了商机，她立即从亲戚家借了几千元钱，用生产队废弃的猪场建起了一个小型保温材料厂。

这对于没有任何经验的张书英来说，要办这样的一个企业是一件相当困难的事情。张书英没有想到，产品投产了近半年，竟一个客户都没有。这时，张书英的家人也开始劝她放弃，认为她不是做生意的料。

但是张书英天生具有一股拧劲，面对惨淡的经营现状，她坚决不肯放弃，为了找到商家，她每天都在不停地奔波。终于，在当年的11月，有人向工厂定了600元的货从这600元中张书英看到了希望。

一些接受过高等教育、具备专业知识的人办起厂来都是困难重重，何况是出身农家、没有读过多少书的张书英。虽然在市场的竞争当中，企业面临着众多的难题，但张书英从未胆怯过，只要想到能为孩子们创造一个美好幸福的未来，她就浑身充满了闯劲和干劲。

1988年，张书英的企业遭遇了困境，企业的发展举步维艰，这时候北京第二纺织厂向张书英订了2500元的货。这笔"雪中送炭"的订单正是跟张书英平时诚信经商的结果。当拿到支票时，她不禁激动地哭了。女人善于用泪水表达感情，而此时的张书英则是百感交集，感慨万千。当时她只有一个信念，就是要把企业做大，做强。

经过几年的打拼，张书英的生意渐渐走上了正轨。不仅如此，她又在平谷区兴谷开发区建起了新厂，把原来的小作坊式企业变成了集新型墙体材料、天然果蔬汁饮品、山泉水、餐饮娱乐、旅游开发为一体的集团公司。

创业是一次漫长的跋涉，是一场残酷的战争与革命，绝不是一朝一夕就能成的事情。创业者必须要克服浮躁的、急于求成的、急功近利的心理。无数的创业者之所以没有迎来成功，就是因为他们没有足够的毅力，做事喜欢半途而废，导致前功尽弃。作为一个想要成功的人，就必须具备"不达目的不罢休"、永不放弃的良好品质。

马云在《赢在中国》担任评委时，对参赛选手说过这样一段发人深省的话："人一辈子中机会其实是很多的，只要踏踏实实抓住一个两个就不错了。人一辈子中灾难会很多，你每消灭一个灾难，都是一个进步。我经常说，如果在最困难的时候，我们需要学会用左手温暖右手，还要懂得坚持，因为这个世界上最大的失败就是放弃。"困难和挫折是致富路上最大的挑战，如果你能够坚持到底，坚忍不拔地与之抗争，你就拥有了富人的潜质。因为在富人的词典里，从来没有放弃二字，只要你具备了这种品质，那么成为富人将指日可待。

8. 经得起诱惑的富人，才能守得住财富
> > > > > > > >

马云说过一句很经典的话："面对诱惑，我们要敢于说不！"这句话的确给世人敲了一个警钟，因为在这个世界上，种种诱惑层出不穷，多少人因为经不住诱惑，而将自己推向了痛苦的深渊。只有那些经得住诱惑，不被眼前利益所迷惑的人，才能赢得真正的财富，才能守得住财富。如果你禁不起任何的诱惑，只会让自己蒙受更大的损失。

吴建宇平时没事就在杂志上搜寻，依照他的话说，他在搜寻有效而宝贵的信息。在商界，一条宝贵的信息就是挖掘不完的金矿。一天，他突然眼睛一亮，他看到了一则令他心跳加速的广告，上面说："只要你按照我们的地址，汇款100元，我们就能给你一个迅速赚到1000元的致富之路。如果你汇款500元，我们将给你一个迅速赚到1万元的项目。机不可失，

时不再来，事实已经证明很多人从我们提供的方法中获得了意想不到的利润，而我就是其中之一……我相信，你不可能找到比这种方法更轻松、更迅速的赚钱方式了。心动不如行动，你需要做的不过是用超低的价格去买一个价值连城的方法……"旁边还有一些读者来信，都说这 100 元或者 500 元让自己从此走上了致富之路，在此表示万分感激之情。

吴建宇看的兴奋不已，他权衡再三，觉得还是寄 500 元合适，这 500 元可是要引来万元的。值！他很快就把 500 元按地址汇过去了，然后盼望着赚钱方法的到来。一个月过去了，一直没有音信，他等不及了，于是又写了一封信询问。终于他收到了一封信，但不是他意料中的教授致富的资料或书籍，信上有一句话："我刚刚数完赚来的钱，方法很简单，就是多找一些像你这样的傻瓜……"

年过六旬的三株总裁曾语重心长地对血气方刚的巨人集团总裁说："不该挣的钱别去挣，天底下黄金铺地，不可能通吃。这个世界诱惑太多了，但能克制欲望的人却不多。"成功最大的障碍，就是欲望。能否在欲望面前保持一个清醒冷静的头脑，是成功与否的关键所在。

马云当年从杭州师范学院毕业的时候，校长问他今后的打算，马云说："我希望自己能够去创业，而当一名教师则心有不甘。"校长听后没有多说什么，只是要马云许下一个承诺，先服从分配到学校去教书，五年内不许出来创业。马云答应了。

走出校门，马云到了一所理工学院当了一名老师，月工资 89 元。一年后，深圳一家企业聘请马云，月工资 1200 元，这在当时可是个天文数字！马云心动了，但一想到当初对校长的承诺，马云还是选择了继续留教。

第三年的时候，海南一家公司开出了月工资 3600 元的高薪请马云去工作，马云犹豫了一下，再次想到自己当年对校长的承诺，最终还是放弃了。就这样，马云在那所学校里教了五年书，实现了自己当年对校长的承诺。

五年以后，他辞职了，开始自己创业。经过艰苦的打拼，经历了无数次的失败，他的阿里巴巴网站准备上市了。上市前，他预期能认购 400 亿美金，结果仅在香港就募集了 360 亿，在新加坡达到了 600 亿，到纽约的时候已经募集到了 1800 亿。最初他预定的发行价是 12 港元，但有些人一看行情这么好，就向马云建议将发行价定到24港元，这样，总体下来就能多收获120亿。

这样的诱惑，一般人都抵挡不住，但马云却很冷静，他为此专门召开了一次会议，与大家冷静地分析了利弊，认为以24港元的发行价上市太冒险，一旦上市公司的业绩增长支撑不了，股票就会变得一文不值。最后，大家统一了认识，把价格定在了13.5港元。马云当时说了一句话："人要在诱惑面前学会说不，贪婪一定会付出代价。"后来的事实证明，马云的决策是正确的。也正是由于有了这样清醒的决策，他的企业才能不断发展，成了世界上最大的商务网站。

马云今天的成功，就是三次拒绝诱惑的结果。这个世界，复杂多变，尤其是在这个竞争激烈的时代，很多人都急于想要获得成功，所以他们常常想走捷径，只要有利可图就失去了思考的能力，过后却常常后悔莫及。真正做大事的人，是要经得起任何诱惑的，学会对诱惑说不，是成功的先决条件。所以，面对诱惑，我们要像马云一样从容，只有放弃了眼前蝇头小利的诱惑，才能获得更大的财富。

偷

——富人不说却默默在做的99件事

学

第五章
chapter5

富人有激情，
财富喜爱对事业充满热忱的人

---

1. 比尔·盖茨为何还要工作
——富人享受赚钱的过程
> > > > > > > >

很多人都认为比尔·盖茨在成为世界首富之后，完全可以放下工作开始享受自己的人生了，但是他却没有这样做，而是依然在自己的岗位上兢兢业业。也许很多人都不理解，但是比尔·盖茨说："每天清晨当我醒来的时候，都会为技术进步给人类生活带来的发展和改进而激动不已。"这就是他坚持工作的原因，因为工作可以为他带来快乐，他非常享受这个过程。

2002年他在领导微软长达25年之后，毅然把首席执行官的工作交给了鲍尔默，因为只有这样，才能投身于他最感兴趣的首席软件架构师的工作之中，从而专注于软件技术的创新，让他更富有激情、更加的快乐，同时也鼓舞了所有员工的士气，为公司带来了更大的财富。

富人之所以会不遗余力地去赚钱，就是因为赚钱是快乐的。有钱的感觉之所以美好，在于它给人精神上的满足。也许有人会说："辛辛苦苦赚钱不就是为了养家糊口，过上幸福的生活；每天的工作压得自己喘不过气来，哪里还有时间去享受啊？还是等到赚够了钱再好好享受吧！"确实，对于普通人来说，赚钱就是一项填饱肚子的任务；但即便是这样，我们也要在工作中寻找乐趣，为你每一天做的事情感到高兴。要知道赚钱的最高境界就是能够快乐赚钱。

朱德庸上学的时候，并不是一个受老师喜欢的学生。同学们每周都要调换座位，只有他必须坐在靠窗的位置上。原因是只有望着窗外，他才能安静地上课，否则就会闹出点儿出格的事来。

当他好不容易熬过上学时代，本以为可以摆脱束缚了，却又发现每天工作的几个小时同样使他不快乐。因此，每天他都会在家里磨蹭到时间快到才出家门。出门之后，还要先顺路拖着脚步走一会儿，直到剩下十几分钟时才打车去单位。

这样过了几年，他干脆直接辞职，拿起画笔，靠画漫画赚钱。刚开始，赚钱不多，但他很快乐。后来，他成名了，就愈发快乐地赚钱。他笑称："总算自己还有一项可以养活自己的爱好。"

富人喜欢赚钱，把赚取财富当作兴趣和爱好，因为在他们的眼里，获得财富是一种乐趣。谁不愿意为快乐而全力以赴呢？在很多人看来，快乐与赚钱不可能同时存在，快乐就意味着要花钱，赚钱就意味着要失去快乐。要将两者完全融合，并不是容易的事，但是还是有很多人做到了这一点，所以并不是不可能的事情。

2007年3月8日，在《福布斯》杂志公布的全球富豪榜上，沃伦·巴菲特以身价520亿美元的财富位居第二。这位被世人誉为"股神"的人，是怎么赚得这么多财富的呢？他有什么独特的致富秘密吗？

在一次访谈中，巴菲特说出了他的秘密："这倒不是我想要很多钱，我觉得看着钱慢慢增多是一件很有意思的事。"在巴菲特看来，投资既是一种赚钱途径，也是一种娱乐。

巴菲特从小就对数字有着深深的迷恋。他经常和小伙伴一起，站在过街天桥上俯视着路上的车辆，记录来来往往车辆的牌照号码。晚上，他们就翻开报纸，计算每个字母在上面出现的次数。在这种快乐的游戏之中，他的财商便悄悄地增长了。

巴菲特曾经告诉年轻人："我和你没有什么差别。如果你一定要找一个差别，那可能就是我每天有机会做我最爱的工作。如果你要我给你忠告，这是我能给你的最好忠告了。"有了坚定的赚钱的信念，有了对赚钱的兴趣，巴菲特的财富在投资过程中很快地增长起来。2005年美国《福布斯》杂志在纽约公布了全球富豪排名，巴菲特首次名列第二。

如果为赚钱而赚钱，必然为钱的数量斤斤计较，这样就发不了大财；如果赚钱是一种爱好，就会更多地关注，坦然地面对。就像巴菲特所说："我很享受我所从事的工作，我并不是为了赚钱而工作。我想要赚钱，那是因为这是我为成千的投资者所做的工作，我希望伯克希尔哈撒韦公司有一个很优秀的记录。我为我今天从事的工作感到高兴，我在 25 岁的时候就为此感到高兴，现在我依然为此感到高兴。如果我现在回到 25 岁或者 30 岁，我当然会更加高兴，但是我现在已经感到很高兴了。"

赚钱的快乐，不在于钱本身，而在于通过赚钱，证明了自己的能力，实现了自我的价值。何况，这个实现价值的过程，本身也是快乐的，就像有些人喜欢跑步，有些人喜欢下棋，跑步跑得汗流浃背，下棋下得眉头紧锁，旁人看着都辛苦，他却乐在其中。所以，很多时候，工作本身就是一种幸福。如果你想赚更多的钱，就应该把赚钱的工作看成是享受的过程，带着轻松愉悦的心情去做事情，不仅能将事情做得很圆满，也能从中获得更多的报酬，这才是赚钱的真正意义之所在。

2. 富人满怀热忱地对待工作

> > > > > > > >

曾经有一个非常经典的辩论题：究竟是"爱一行干一行"还是"干一行爱一行"？提及此，不同的人有着截然不同的态度。富人认为："既然选择了某一行业或者职业，仅仅爱它是远远不够的，而要享受它。只有如此，人的能动性就自发地调动起来了，成功也就有了可能。"有些人的做法却是干一行怨一行，即使刚开始他们从事的是自己喜欢的行业，但是在日复一日枯燥的工作中，加之竞争压力大，渐渐就会产生疲惫的感觉，从而对工作充满了厌倦感。

所以，每当新的一天开始，有些人就开始抱怨："时间过得真快，一大清早又要去做无聊的工作了。"而富人则会对自己说："新的一天开始了，今天一定要出色地完成工作！"其实一份工作的好坏，不取决于它的内容，也不取决于它所带来的附加价值，而是取决于一个人的心态。当你能够认真地把它当作一份好工作来对待，并且充满热忱，它的内容就不会再让你厌恶，你通过它获得的工资、经验也会翻倍地增长。

彼得是美国的一名出租车司机，他对自己的工作热爱得不得了。每一次在开车之前，他都会向客人热情地介绍自己，并询问客人"想来一杯咖啡吗？我的保温瓶里有普通咖啡和脱咖啡因的咖啡。另外，还有可乐和橙汁。"

客人总是在惊叹中听到他继续说道："如果您还想看点什么，我这里有《体育画报》、《华尔街日报》、《今日美国》和《时代周刊》。如果您想听音乐广播，我这里有各个音乐台的节目单。"同时，他还会咨询客人的意见，例如，车里的空调温度是否舒适等等。

也许你会惊叹，这简直是五星级的服务！但是彼得会谦虚地说："其实，我只是在最近两年里才这么做的。之前，我也像其他出租车司机一样，大部分时间都在抱怨自己的工作。直到有一天，我意识到，抱怨是没有出息的，好工作也不会主动来找你的。如果改变自己的心态来对待自己的工作，那么，没有什么比做一个出租车司机更愉快的了。"说罢，他甚至随着车内的音乐吹起口哨来。

当彼得开始认真地思考自己如何工作时，他观察到别的出租车的一些弊病，如车内很脏，司机态度恶劣等，他就着手从这些方面开始改变。在改变的第一年，他的收入就翻了一倍，并且在迅速地增加。

如果你从心底就认定自己的工作是枯燥乏味的，那么你永远不可能从工作中获得快乐，而且一旦你产生了混日子的心态，想要成为富人就更加不可能了。所以，如果你想成为富人的话，首先要学习富人对待工作的态度，千万不要对自己的工作充满抱怨，然后整天死气沉沉地机械般的完成任务，而是要满怀热忱做好每一件小事。否则，你将永无出头之日。

银铃和江雯是一同进入公司的员工，但是两个星期之后，所有人都明显感受到了她们的不同。她们的职位都是经理助理，虽然所在的部门不一样。刚开始，两个人对待工作都非常有积极性，每天早上高兴地与他人打招呼，对于上司交代的工作完成得非常出色。

但是随着时间的推移，银铃对自己的工作越来越不满意，认为自己每天做的事情都太过琐碎，对自己一点好处也没有，于是她开始对要好的同事抱怨。除此之外，上司交代的工作，她总是磨到最后一刻才交差，招致了经理的不满，批评了她几句。她不但不认为自己有错，反而想方设法偷懒，所以一个月试用期还没过，就被解雇了。

江雯却正好相反。每一天都仿佛是刚刚得到这份工作，她做得非常细心，就算是帮上司冲咖啡，也会仔细问好喜欢什么口味。虽然做的都是琐事，她却干得十分有劲。打印文件的时候，她会和自己比打字的速度，哪怕时间缩短了 30 秒，也会让她高兴不已。有了对工作的热忱，所以做什么事情都是又快又好，而且她快乐积极的情绪总是能感染周围的同事，就连一向不怎么夸人的上司也对她竖起了大拇指。

在试用期过了之后，公司领导一致认为，这样对工作充满热忱的员工，如果不加以重用，岂不是浪费人才吗？所以，江雯被调到了市场部，并且带着一如从前的工作热忱，加上本身就过硬的实力，很快就让她成为了该部的主管。

曾有人说过："除非你喜欢自己的工作，否则你永远不可能获得成功。"不管你的工作怎样平凡，都应当以豁达的心态从中寻找乐趣，更应当付出十二分的热忱。这样，你才可能从平庸卑微的境况中解脱出来，不再有劳碌辛苦的感觉，厌恶的感觉也自然会烟消云散。所以，如果你想成为富人，就要对自己所做的工作持热爱的态度，只有怀揣这种坚定的信念，你才能将眼前的大山凿成一块块成功的磐石。

3. 富人把事情当作事业来做
> > > > > > > >

三个工人在一起干活，他们的工作都是砌墙。一天，有个过路的问其中一个人："师傅，你在干什么？""砌墙。"他又问另一个人："您呢？您在做什么？""挣钱，养家糊口。"他又问第三个工人："您干的是什么活？""我嘛，在建设世界上最美丽的房子。"那个工人认真地回答道。后来，前两个工人仍然在工地砌墙，而第三个工人则成为了赫赫有名的建筑大师，拥有了花不完的财富。

"失败者做事情，成功者做事业。"其实，富人与穷人的最大区别之一，就在于对事情的态度不同：前者是把事情当作事业来做，后者却仅仅是把事情当作事情来做。虽然两者只有一字之差，但是产生的结果却相差千里。

台湾地区首富王永庆，小时候因为家里穷读不起书，只好做点小本生意。1932年，王永庆只有16岁，为了生计，他在嘉义开了一家米店。当时，小小的嘉义已有近三十家米店，竞争非常激烈。此时仅有200元资金的王永庆，只能在一条偏僻的巷子里承租一个小的铺面。他的米店开办最晚，规模最小，更谈不上知名度了，没有任何优势。在刚开张的那段日子里，门可罗雀、无人问津。

为此，王永庆曾背着米挨家挨户去推销，但效果不太好。怎样才能打开销路呢？王永庆感觉到要想米店在市场上立足，自己就必须有一些别人没有做到或做不到的优势才行。经过一番考察和思索，他决定在提高米的质量和服务上下功夫，形成自己的优势。

20世纪30年代的台湾，农村还处在手工作业状态，稻谷收割与加工的技术很落后。稻谷收割后都是铺在马路上晒干，然后脱粒，砂粒、小石子之类的杂物很容易掺杂在里面。所以，当时用于出售的稻米普遍夹杂着秕糠、砂粒、小石子等杂物，买卖双方也都习以为常，见怪不怪。

王永庆却从这个很平常的现象中找到了突破口。他带领两个弟弟一齐动手，不辞辛苦，不怕麻烦，将夹杂在米里的秕糠、砂石之类的杂物，一点一点地捡出来。这样，王永庆米店卖的米，质量比其他店都高，所以渐渐被顾客们接受，并且生意越来越红火。在提高稻米质量见到效果的同时，王永庆还超出常规，推行主动送货上门的办法，这一方便顾客的服务措施，大受顾客欢迎。

就这样，人们都知道了在嘉义米市马路尽头的巷子里，有一个卖的米不仅质量好、而且送货上门的王永庆。有了知名度后，他的生意更加红火起来。结果，经过一年多的资金积累和客户积累，王永庆决定自己办个碾米厂。要把原来的小米店扩展为碾米厂，原来的铺面已经不够用，他便在离最繁华热闹的街道不远的临街处，租了一处比原来大好几倍的房子，临街的一面用来做铺面，里间则用作碾米厂。就这样，把事情当作事业来做的王永庆，就从小小的米店开始了他后来问鼎台湾首富的事业。

把事情当作事业来做，你就会把事情和事业之间联系起来；拓展事业的发展空间，就会涉及未来，把每天所做的事情当作一个连续的过程，因而会将小事做大，逐渐发展成为事业。但是现在社会，很多人工作完全是为了养家糊口，只要自己每个月能拿上固定工资、填饱肚子就够了，没有必要花大心思去做大事业，自己也没有哪个本事。这些人的想法不是只在一个人的脑海中浮现，很多人都是如此。

事情和事业只是一个人看待问题的角度不同，如果我们都能够像富人一样，把任何一件事情都看成是伟大的事业，并憧憬成功后的喜悦，你就会有无穷的动力，而不只是安于现状，重复去做无聊的事情。要知道，任何事情、任何财富都是一点一滴积累起来的，也许你现在做的工作微不足道，但是只要你尽心尽力做好每一个细节，相信在不久的将来，你一定会成为人人称羡的富人。

北京五福茶艺馆董事长段云松说过："要把生意做好做大，就要把经商作为一项事业干下去。"做生意就要有生意人的样子，作为商人就要有事业心，这样才会有成就感。所以，我们不管做什么事情，都要把它作为自己的事业，并将自己融入其中，这样你才能将小事情做成大事业。

4. 富人对工作的热爱源自做自己擅长的事
> > > > > > > >

李开复获得过无数的鲜花、荣耀和礼赞，是一位被大家公认的计算机天才，但他最开始时却只是一名法律系的学生。李开复于1979年考入哥伦比亚大学法律系，但是他对法律却丝毫不感兴趣。是一个偶然的机会，他接触到了计算机专业并对其产生了浓厚的兴趣，正值上大二的李开复决定转系。而这个决定，改写了他一生的轨迹。转系后，凭借自己在计算机程序制作方面的过人天赋，以一篇关于"计算机语音识别"的论文，被评为《商业周刊》最杰出创新奖。最后，李开复获得计算机学士学位，以最高荣誉在哥伦比亚大学毕业，最终成为了谷歌的首席执行官。

我们所看到的那些富人，他们之所以那么热爱自己从事的工作，并且最后都成功地将它发扬光大了，其原因就在于他们所作的事情都是自己极其擅长的，只是他们让自己的特长充分发挥了它的作用。很多人都认为，富人的特长都是与众不同的，比如，他们拥有高学历、有从小就练就的好本领、有与生俱来的天赋……其实只要是人，就会有自己的特长，而富人们只是将自己的特长好好发挥了出来。

美国有一个乞丐，40年来他一直以乞讨为生。有一次他正巧碰上比尔·盖茨，心想：比尔·盖茨一直热衷于社会慈善事业并且出手很大方，如果能敲他一笔，那么自己今后的养老金都有着落了。于是，他连忙跑上前去向盖茨乞讨。比尔·盖茨很友好地问："你是想要一美元，还是要一万美元？""当然是一万美元了，这对您来说就相当于一美元……"盖茨从口袋里摸出一美元递给他，又从手提包里拿出一个本子，在纸上飞快地写了点什么，然后扯下，递给乞丐说："给你，这是9999美金。"乞丐惊喜地双手接过盖茨递过来的纸，却发现那只是一张普普通通的纸而已，不同的是纸上有这位世界首富的忠告："用特长致富，用知识武装头脑。"乞丐苦笑："我只是一个乞丐，哪有什么知识和特长啊……"比尔·盖茨回答："每个人都有知识和特长，只是你自己没有发现而已。"

据说后来这个乞丐幡然醒悟，向当地政府提出申请，注册了一家乞丐公司，自己当上了总经理。后来公司越做越大，其分公司和子公司已经做到了欧洲，而这个乞丐现在已经身价几十亿了。

其实，每个平淡无奇的生命中，都蕴藏着一座丰富的金矿，只要肯挖掘，就会挖出令自己惊讶不已的宝藏来。只要你能发挥自己的特长，那么就一定能够实现自己的人生价值。我们没有必要感叹自己如此平凡，也没有必要去羡慕别人的成功，因为每个人都有自己独特的专长，只要你发挥了这些特长，就能在成功的道路上越走越顺。兔子虽然不会游泳，但通常是历届的短跑冠军。没有任何一个人是完美的，我们又何必苛求兔子学会游泳呢？每个人都有上帝赋予的特长，所以我们一定要好好珍惜和挖掘，并学会用特长的亮点来赚钱。

美国纽约百老汇最年轻、最负盛名的年轻演员安东尼·吉娜在上大学时参加了校际演讲比赛，在台上，她当着所有人的面宣布了自己的梦想："大学毕业后，我要成为百老汇一名优秀的演员。"毕业后，她即登上飞机去了百老汇。到了之后，她发现百老汇的制片人正在酝酿一部经典剧目，刚巧在征选最佳女主角。按要求是在 100 个人当中挑选 10 个，然后再在 10 人中选择最优秀的一个。挑选方式是，让她们每人念一段剧本中主角的台词。

吉娜费劲周折地从一个化妆师手里得到了将排的剧本，然后闭门苦读，暗自演练。正式面试那天，她是第 40 个出场的应聘者。制片人问她是否有过表演的经验，吉娜甜甜地一笑说："我可以给您表演一段曾经在大学里演出过的剧目吗？"制片人不愿打击一个热爱艺术的青年人，当他听到吉娜使用的台词正是将要上演的剧目中的对白时，被她那真挚的感情、惟妙惟肖的表演惊呆了。他立刻宣布面试结束，最合适的女主角已经找到了。就这样，吉娜刚到纽约就顺利地迈出了实现梦想的第一步，穿上了她人生的第一双红舞鞋。

吉娜之所以能够被幸运选中，就是因为她的演技达到了令人满意的程度，而她的成功也源于做了自己擅长的事情。假如当时的考题不是表演念台词，而是让她去驯服一匹烈性的战马，她肯定就不会取得成功。因此，一个人要想成功，就不要一味将羡慕的眼光放在别人的闪光点上，而是应该主动出击，去寻找自己潜藏的能力和特长，并将它发挥到极致。如此一来，不成功也难。

5. 富人都有积极乐观的心态

> > > > > > > >

克里曼·斯通是美国联合保险公司董事长，是全美乃至整个欧美商业界都享有盛名的大商业家。曾经有人问斯通如何才能像他这样成功，他说："你随身带着一个看不见的法宝，这个法宝的一边装饰着四个字：'积极心态'；另一边也装饰着四个字：'消极心态'。"一个人能否在事业上获得成功，很大程度上取决于是否始终有乐观积极的心态。

达美乐是世界第二大披萨饼连锁集团，其创始人汤姆·莫纳汉说："在我的一生中，有很多时候我是你们所称的失败者。"达美乐经历了无数次的挫折和磨难，但是依然成为了奇迹，而汤姆·莫纳汉也被人称为打不倒的"披萨虎"，因为他永远保持乐观的心态，每次都能从失败中站起来。

他从小就在磕磕绊绊中长大，没有念过什么书。直到1960年，汤姆·莫纳汉和哥哥一起，借钱盘下了一家快倒闭的披萨店。但是不久，哥哥因为觉得辛苦就放弃了自己的股份，换走了送货用的那辆汽车。虽然没有了送货的车，但是汤姆依然乐观的经营着。汤姆整天呆在店里照顾生意，非常需要一个帮手。他决定和一个提供免费家庭送餐服务的人合作，对方愿意支付500美元的投资，利润平分。不久，他们就开了两家分店和一家餐厅。

两年后，汤姆与合伙人解除了合作关系，而他的合伙人宣布独立破产，按照法律，汤姆要承担7.5万美元的债务，他失去了所有。为了偿还，汤姆更加辛苦地工作。谁知灾难又来了，一场火灾不仅烧毁了店铺，还烧毁了账册，汤姆几乎破产。但是他没有灰心丧气，乐观地想办法弥补亏空。一年半之后，他又有了12家披萨饼店。

随着规模越来越大，汤姆出了资金短缺，整个达美乐陷入财政危机，再一次到了破产的边缘。汤姆不得不将部分股份卖给银行，并且找人合作，从而失去了公司的控制权。不过乐观的汤姆依然努力工作，10个月后，他从合作人手中重新接管了公司，再一次让生意恢复起来。他的乐观让自己的生意多次起死回生，最后成为世界第二大连锁店。

亚洲首富李嘉诚说过："把苦难看成是上天的考验，凡事乐观以对。乐观是远离失败唯一的灵丹妙药。"一个人的心态在很大程度上决定了人生的成败，做生意、创业更是如此，拥有乐观的心态，便打开了一扇财富的大门。

在成功的航道上，苦难和挫折本来就是随时相随的。富人正是因为有了积极乐观的心态，才懂得了如何排解痛苦，战胜困难，并在最后获得了成功。所以，心态决定命运这句话一点也不过分。如果一个人决心获得某种幸福，并具有产生这种幸福的积极心态，那么他就一定能获得这种幸福！

台湾模仿天王、"全民大闷锅"主持人之一的郭子干，年收入千万。他看事情总是先看好的一面，总是说："难题在我身上都只待5分钟！"他总在想：反正明天睡醒，太阳依旧升起。

他刚认识老婆时，手上有7个节目，没想到不到1个月，竟被收掉了4个。老婆觉得非常没保障，但郭子干告诉她："演艺圈就是这样，没人知道明天会如何！"

虽然演艺生涯陷入低潮，但郭子干解决问题的办法不是抱怨，而是尽量多接通告，即使是和一些二十岁出头的新人一起玩游戏的"小通告"。郭子干最多的时候，他一天会接3个通告。有的朋友劝他，小通告不要接，他却告诉自己，有通告就有机会，有机会就能东山再起。

结果，小通告不断累积的模仿实力与能量，终于在全台湾收视率最高的综艺节目"全民大闷锅"全力展现，再创个人事业高峰。作为一个喜剧演员，郭子干说："他是个每天归零的人。"因此，他能在舞台剧多次排演中，演到同一个好笑的地方依旧哈哈大笑："团员都说我是个神经病，但他们却不知道每件事对我而言，都刚发生！"

美国石油大王洛克菲勒给儿子的一封信中提到"天堂与地狱比邻"的

比喻，他告诫儿子："如果你视工作为一种乐趣，人生就是天堂；如果你视工作为一种义务，人生就是地狱！"因此，我们对待任何失误，都要以积极乐观的心态去面对，就像西门子公司的那句格言一样："请愉快地工作，哪怕是假装的！"只有这样，你才能排除万难，赢得财富。

6. 富人都是工作狂
> > > > > > > >

几乎所有的成功者都是一个勤奋的工作狂。当当网的创始人俞渝说："即使是现在，我每天工作的时间也不会低于 11 个小时。如果工作需要的话，我会在办公室待到凌晨三四点，也不会觉得什么。"对此，俞渝的理论是："一个人每天都想往上跳一跳，和一个人每天都不跳，日积月累的变化是非常明显的。"

不过在生活中，工作狂人还是占少数。许多人每天一上班，就数着时间盼着下班，偶尔听到要加班就怨声载道，责怪公司太不人道。所以，这些人与成功和财富还相隔十万八千里。而那些成功者或者已经成为富人的人，反而会珍惜一分一秒，抓紧时间工作，他们常常会比普通人多一半的时间去工作，这也是为什么他们能够取得成功的重要原因。

比尔·盖茨是个典型的工作狂。

1974 年，当盖茨认为创办公司的时机尚未成熟而继续在哈佛大学上二年级时，他会经常出现在校内的艾肯计算机中心，有时会疲惫不堪地趴在电脑上酣然入睡。

盖茨在计算机方面的才能无人可以匹敌，他的导师不仅为他的聪明才智感到惊奇，更为他那旺盛而充沛的精力而赞叹。他说道："有些学生在一开始时，便展现出在计算机行业中的远大前程，毫无疑问，盖茨会取得成功的。"在阿尔布开克创业时期，除了谈生意、出差，盖茨就是在公司里通宵达旦地工作。有时，秘书会发现他竟然在办公室的地板上鼾声大作。不过为了能休息一下，盖茨和他的合伙人艾伦经常光顾此地的晚间电影院。"我们看完电影后又回去工作。"艾伦说。

1979 年，微软公司迁到了贝尔维尤。1983 年，公司宣布了要开发WINDOWS 的消息。一位曾到过盖茨住所的人惊讶地发现，他的房间中不仅没有电视机，甚至连必要的生活家具都没有。

盖茨常在夜晚或凌晨向其下属发送电子邮件，检查编程人员所编写的程序，再提出自己的评价。盖茨位于华盛顿湖畔对岸的办公室，距其住所只有 10 分钟的驾车路程。一般的情况是，他于凌晨开始工作，至午夜后再返回家。他每天至少要花费数小时的时间，来答复雇员的电子邮件。

没有一个富人是在舒适的环境下取得非凡成就的，也没有一个富人是懒于工作的。因为他们都懂得付出多少才能得到多少回报的道理。要想踏入成功者的行列，就必须一心一意扑在自己的工作上，尤其是天生条件就不好的一些人，就更加不能只做每天八小时的工作，哪怕公司不需要加班，你也要主动地去学习和工作。只有这样，你才能在众多的佼佼者中脱颖而出。

华徽国际股份董事长，四川徽记食品产业有限公司董事长，成都华隆食品产业有限公司董事长……现在顶在吕金刚头上的名衔足以让人羡慕。但在 1990 年时，他还只是一个来自宜宾南溪、仅带着 70 元钱的 17 岁穷小子。此后 5 年间，既没钱也没人脉支持的吕金刚干过厨师，当过送货司机，做过业务员……尽管工作岗位都不甚理想，但凭着一股不服输的劲，他坚持了下来，并积累了人生的"第一桶金"：大量食品企业和零售企业的宝贵资源以及丰富的相关营销经验。

利用"第一桶金"，吕金刚东拼西凑了几万元钱，于 1996 年投资成立了成都华隆食品公司，开始走向食品代理之路。创业之初，公司只有可怜的 5 个人，业务发展很长时间都无起色，但吕金刚却出人意料地干了一件"傻事"：用占到总资金 10% 多的 3800 元，买了一台打卡机——在当时，打卡机在很多大公司都没有普及。吕金刚说，这是提醒自己要努力工作；而打卡机也见证了他近乎疯狂的努力：从公司成立到现在，吕金刚都是最早上班、最晚离开的。他说："只要没事做，我就会非常难受。"

吕金刚的努力收到了巨大回报。到 2000 年，华隆食品成功代理国内外几十个知名品牌，并在川内构建了商超、社区便利店流通 100% 覆盖率的销售网络，雄霸一方。

要想比别人成功，干活就得比别人卖力。世界上没有天生的成功者，所有的财富也都是通过自己的不懈努力换来的。如果你认为只要做好分内的工作就万事大吉，离成功越来越近，并且梦想着有一天能靠这个实现自己的人生价值的话，是不太现实的。经验和教训都是在不断地工作积累中得来的，如果你比别人工作做得少，学到的东西自然就没有别人多，得到的财富自然也不会比别人多。所以，要想取得成功，获得财富，就必须和那些富人一样，学习他们"工作狂"的精神，决战到底，直至成功。

7. 富人对事业始终有长久的激情
> > > > > > > >

济南茂昌眼镜公司董事长黄益治曾说过："商人要把做生意当成自己的事业来看待，要时刻对它保持激情。"马云领导的阿里巴巴有着令人感叹的奇迹般的发展速度——短短数十年时间就从一家小企业变成目前全球最大的企业电子撒谎你购物平台、亚洲最大的个人电子商务平台，2005 年全面收购雅虎中国，2009 年收购中国万网，2010 年建立了 1688 网络批发大市场。在成功的背后，众说纷纭：勇气、冒险、机遇、才华、激情，在这些赞词的背后，表现的正是历经苦心的激情创业精神。如果没有对事业的激情，马云也不会有如此惊人的成就。

对于一般人来说，他们只要按部就班、不出大错就行，而激情在他们身上展现出来的就是上司的表扬、下班后的狂欢、节假日里打折的商品。而富人的激情却充分展现在自己的事业上，无论什么时候，他们对待工作都十分热衷。也正是这份激情，才能使他们长久地坚持下去。

在日本，有一个叫源太郎的年轻人，初中毕业后进入一家化工厂做运转工，后来辞掉工作到父亲的和服店帮忙。不幸的是，父亲的合伙人竟然卷款外逃，和服店被迫倒闭。他想再回到原来的化工厂也遭到了拒绝，于是只能到处找工作。

一次偶然的机会，一个美国军官让他帮忙擦鞋。源太郎心灵手巧，在这个军官的指点下，很快就学会了，而且把皮鞋擦的光彩照人。于是，源太郎从此迷上了这种工作，决定靠擦鞋赚钱。只要听说哪里有出色的擦鞋匠，他就千方百计地赶去请教，虚心学习。这种学习的激情，源太郎一直保持了 3 年之久。同时，他吸取别人的经验教训，总结出了自己独特的擦鞋方法。他不仅追求把鞋擦亮，还仔细研究皮鞋的质量，努力熟悉皮鞋的质地。于是，他开始了自己充满激情的擦鞋事业。

源太郎对皮鞋的激情已经到了痴迷的程度，每当有新产品上市，他总要买一双亲自感受。正是这种疯狂的激情，使得他简直成为了皮鞋专家。对皮鞋了如指掌，让他的擦鞋技术更是达到了炉火纯青的程度。他会根据不同品牌的皮鞋选用不同成分的鞋油，遇到一些颜色罕见的皮鞋，他还会自己调制鞋油。他仔细地研究了各种鞋油的性质，努力做到既光亮、又能充分滋润皮革，让光亮更加持久。

源太郎的超群技艺，打动了东京一家名叫"凯比特"的四星级饭店经理，他将源太郎请到饭店，专门为这里的顾客擦鞋。令人惊讶的是，从此后，演艺界、文化界、商界乃至政界的众多名人，一到东京便非"凯比特"不住。他们对此处情有独钟的原因非常简单，就是要享受一下源太郎的"五星级服务"。当他们穿着焕然一新的皮鞋翩然而去时，他们就牢牢记住了源太郎的名字。

源太郎对皮鞋和擦鞋的激情，练就了他的绝技，为他赢得了众多顾客的青睐。他的客户不只来自东京、大阪、北海道，甚至还有香港、新加坡、马来西亚等地。在他简朴的工作室内，堆满了发往各地的速寄鞋箱。

始终保持激情，坚持不懈，这似乎是成功者的共性。激情是一种天性，人人都有，短暂的激情可以产生灵感的火花，但只有长久的激情，才能使你具备与众不同的鲜明个性，也才有了不断面对困难的魄力和解决问题的方法。如果你渴望改变命运，但却缺乏持久的激情，从而放弃艰苦卓绝的奋斗，一定要学会反思自己，督促自己。

对自己所做的事情充满激情，可以说是一个人成大事业、建大功勋的基石。美国石油大王洛克菲勒曾说过这样一段话："我永远也忘不了做我第一份工作簿记员的经历。那时，我虽然每天天刚蒙蒙亮就得去上班，而办公室里点着的鲸油灯又很昏暗，但那份工作从未让我感到枯燥乏味，反而很令我着迷喜悦，连办公室里的一切繁文缛节都不能让我对它失去热心。而结果是雇主总在不断地为我加薪"。还说："我从未尝过失业的滋味，这并非我的运气，而在于我从不把工作视为毫无乐趣的苦役，却能从工作中找到无限的快乐"。

要做成功一份事业，最重要的就是要时刻保持激情。你对工作的热爱程度有多高，你成功的几率就有多大。想成为富人的你，千万不要让自己的激情丧失在日复一日的工作中，无论如何，你都要打起精神，对自己的事业保持长久的激情，这样你才能充满斗志，走向胜利的彼岸。

偷

——富人不说却默默在做的99件事

学

第六章

chapter6

富人有眼光，
在别人意想不到的地方挖金子

1. 眼光决定命运，点子产生财富

> > > > > > > > >

2002 年 1 月 1 日，欧元在欧盟各国开始正式流通。中国报纸上刊登了一张欧元的图片，这在一般人看来，本没有什么，但是温州人却在这张非常普通的图片上，发现了无限的商机：新版欧元比欧盟各国以前所使用的纸币尺寸都要稍微大一点，那现在的皮夹肯定就装不下新币了。很快，大批适合新欧元大小的皮夹，从温州出口到了欧洲，并且受到了欧洲人民的喜爱。

清代著名红顶商人胡雪岩说："如果你拥有一县的眼光，你可以做一县的生意；如果你拥有一省的眼光，你就可以做一省的生意；如果你拥有天下的眼光，你就可以做天下的生意。"但凡有成就的人，他们的眼光都会比别人看得更深，看得更远，也看得更准。因此他们的成功也更加迅速，更富有传奇色彩。

1997 年，吴士宏在广州任 IBM 华南区总经理，管理一个拥有 200 多人的公司。他需要关心的不只是某一个部门的销售业绩，而是从人事到财务等等所有的事务，并且必须能洞察市场的机会和发展趋势。为了弥补自己在理论方面的不足，她敏锐地觉得自己必须要多看书学习。一个人越是学习，看的书越多，疑惑也就越多，读书的愿望也就愈加强烈。终于有一天，吴士宏决定从广州回来，想放下现在所做的事情去上学。

这需要很大的勇气，然而吴士宏明白不能为眼前的小利而放弃未来更大的提升空间。1997 年初，当吴士宏回到北京 IBM 总部时，许多朋友都困惑不解：偌大的"南天王"不做，却还要读什么书。由于众人的不理解，在公司里昔日追随"南天王"的热情也渐渐冷淡，甚至有人和她擦肩而过也视若无人。但是她已经决定要去美国攻读 MBA 高级研修班，这已不是

为拿文凭争口气的心态，而是希望养精蓄锐向更高的目标出击。

1998 年，经历了 5 个多月的双向选择，吴士宏选择了微软，因为她已经敏锐地看到了微软在未来的优势。微软公司的上司对她说："你就是为微软而生，微软公司虚席以待。"

在她的自传中，吴士宏也这样写道："微软（中国）公司总经理这一职位为等我空缺了将近半年，而我选择微软，是因为它迎合了我的梦想：要么把中国公司做到国际上去，要么把国际公司做到中国来。微软把执掌中国业务的金印托付给了我，它那种生生不息的创新拼搏精神、浓厚的危机感和我的个性也有某种深层的契合。"

吴士宏以她那敏锐、深邃的眼光选择了微软，而微软和中国也给了她广阔的天空。她又想张开羽翎，让风声在耳边回响，再次超越自我，去迎接新的挑战！

有眼光的人更容易取得事业上的成功，吴士宏能敏锐地觉察到别人看不见的发展机遇。但凡事业上有所作为的成功者，都具有不平凡的眼光，他们因为眼光独到而容易获得赚钱的机会，也因为眼光的久远会为自己谋求更长久的发展空间。

20 世纪 50 年代初，雷·克罗克还是一名推销员。一次，加利福尼亚一家餐厅买了他 10 台牛奶搅拌器，他对此十分好奇，因为他觉得一家餐厅用 10 台牛奶搅拌器是不可思议的。于是他去那家餐厅看了个究竟，结果，那家餐厅的两位麦当劳兄弟的经营理念让他深受启发：价格低廉，快速服务，可以让年轻人在等车时享用。雷·克罗克认为麦当劳兄弟的这一做法非常具有创意，自己完全可以复制他的经营思路。于是，他就在芝加哥开办了第一家麦当劳餐厅。

1961 年，雷·克罗克用 270 万美元从麦当劳兄弟手中买断了麦当劳餐厅的所有权，并通过连锁形式将麦当劳餐厅推向全美国。到了 1968 年，他领导麦当劳开始向海外市场进军，最终成为了全球拥有分店最多的快餐"巨头"。

做生意最重要的就是眼光，眼界有多宽，商路就有多宽。拥有眼光的人能够发现平常之中的商机，就像雷·克罗克那样，看准了快餐行业能够在未来吸引消费者。借助远大的眼光和精明的点子，最终成就了他非常了不起的事业。

其实，很多富人并非都是知识渊博、才智超群的人。他们的成功大多数时候在于他们独到的远见卓识和独特精明的点子，这些东西有时候对于创业的人来说比专业的知识更加重要。一个人想要成为富人，一定要将眼光放得长远一些，还要锻炼自己的创新意识，因为眼光决定命运，点子产生财富。

2. 富人微利是图，攫取小钱背后的大财富
> > > > > > > > >

闻名于世的佛勒制刷公司，老板佛勒在其创业之初和其他人一样，面临着究竟应该从事哪一种行业的选择。他选择了做最不起眼的刷子，姐夫曾警告他说："干什么不行，怎么做起刷子来？这玩意儿利润太小，而且销路也有限，一把刷子能使用很长时间，谁家没事天天买刷子？"但是佛勒认为，生意不在大小，在于怎样经营。刷子虽小，但每家必备，只要经营有方，一定会成功的。就这样，他做的虽然是最小的生意，但是成功了。

曾有位百万富翁说过："小钱是大钱的祖宗"。现实生活中有许多富翁都是从小贩做起，甚至是白手起家，但为什么他们最终能够做大买卖，有很多钱？就是因为他们懂得挣小钱，小钱挣多了就变成大钱了。所以，做人必须脚踏实地，认认真真地从一点一滴的小事做起。挣钱也要从点滴积累，扎扎实实地从零散的小钱开始挣起。

美国加利福尼亚州有一个经营家庭用品邮购的青年。最初，他只是在发行量最大的妇女杂志上刊登了一则"一美元商品"的广告，所登的商品都是有名的大厂商生产的，物美价廉又非常实用，所以广告一刊登出来，订购单就像雪片似的多得使他喘不过气来。他并有没什么资金，这种生意

也不需要资金，客户汇款一来，用收来的钱去买货就行了。但是广告中登的大约有百分之二十的商品进货价格超出一美元，百分之六十的商品刚好是一美元。显而易见，顾客越多，他的亏损就越多。但他并不是一个傻瓜，在寄商品给顾客时，他会附带寄去二十种三美元以上、一百美元以下的商品目录和图解说明以及一张空白汇款单。

这样一来，虽然卖一美元商品有些亏损，但他却以小金额的物美价廉的商品"骗取"了大量顾客的"安全感"和"信用"，顾客就会在没有戒备的心态下向他买比较昂贵的东西了。如此昂贵的商品，不仅可以弥补回一美元商品的亏损，而且可以获取很大的利润。就这样，他的生意就像滚雪球一样越做越大，一年之后，他设立了一家 AB 邮购公司。又过三年，他雇用了五十多名员工，销售额达到五千万美元。

荀子的《劝学》中有两句话说："不积跬步无以至千里，不积小流无以成江海。"有一个补鞋匠从农村老家来到北京，从几毛钱的缝缝补补开始做起。就是这样一个不起眼的补鞋匠，当有人问他一年能挣多少钱时，他神秘一笑："千万不要瞧不起这不起眼的小生意，虽然是几毛几块的挣来的，但是积少成多啊，说不定我将来还可以自己办一个鞋厂呢！"原来他一年的纯收入竟然高达几万元。所以，要想挣大钱，首先要懂得积累，只有不耻于赚"小钱"，莫以利小而不为，才能最终将小钱变成大钱。

蒋盛鑫刚刚买了新房，装修的时候因为需要，就到街上找蹬三轮车的人拉几袋水泥。十几个蹬三轮车的人中，多数在街头晒太阳或是躲在角落里打扑克，看到有"生意"，立刻围过来。当他告知拉几袋水泥给 30 元钱时，那些人非要 40 元。只有一个小伙子站出来愿意 30 元钱拉水泥，众人见此又继续打牌去了。

半个小时不到，水泥拉回来了，不嫌脏累的小伙子，又将水泥扛到楼上。蒋盛鑫为了表示感谢，给他 40 元钱，但小伙子只肯收 30 元。见此，蒋盛鑫将自己的一堆砂子交给他拉。小伙子很高兴，不到半个小时就拉回来一车砂子，蒋一共给了他 50 元钱。当大多数人因看不起"小钱"而在晒太阳、打扑克时，这位勤快的小伙子因为少要了 10 元钱，最后却挣了 50 元。小伙子憨厚地说："本钱就是出力，挣多少其实并不重要，如果闲着一分钱也挣不到，别看不起挣小钱。"

俗话说得好："一口吃不成一个胖子"。成功源于每一个细节，如果你现在还在雄心勃勃，梦想做出一番大事业，就不要认为挣小钱是一件浪费时间的事情，否则你不但挣不到大钱，还有可能被自己的眼高手低所连累。财富从来都不是一朝一夕就能获得的，它需要我们长期为之努力奋斗。不管你想实现自己的梦想，还是想成为富人、过上好生活，都不能太过急功近利，只有从小处着手，步步为营，你才能最终实现自己的愿望。

3. 富人的赚钱绝招：瞄准他人的需要

> > > > > > > > >

1992 年秋天，温州乐清五金机械厂的朱厂长到上海出差。一天晚饭后，他出去逛街时来到延安东路，看到一家食品店门口排着长长的一队人在买糖炒栗子。有些人在买了糖炒栗子后急于尝鲜，结果却把栗子剥得四分五裂。朱老板灵机一动：如果有种能剥掉栗壳的工具，一定会受到人们的欢迎。朱老板回去立刻画出了草图，用镀锌铁皮作材料，制出了自己想象中的"剥栗器"。当天晚上，朱老板将剥栗器的草图传回温州的工厂，两小时后模具生产出来，冲床开始制作产品。3 天后，一卡车剥栗器就运到了上海。产品深受糖炒栗子摊主的欢迎，很快销售一空。每只成本 0.15 元、出厂价 0.30 元的"剥栗器"，让朱老板整整赚了 4 万多块。

温州商人谢福烈说过："我从来不炒作新概念，也不搞什么包装策划，更不屑玩弄玄虚。我们修房、建商场，唯一考虑的就是市场和老百姓的需要。"朱老板的成功之处就在于他瞄准了人们的需求，并迅速抓住了机遇，而这也正是很多富人做生意成功的原因之一。

我们都知道，在中国，结婚是一件非常隆重的事情，所以从准备婚礼开始，新人就一直忙碌不停。为此，很多新人在倍感甜蜜的同时也充满了抱怨："两个人结婚能忙坏一大家子人！"随着新人的"抱怨"不断增多，温州的一家婚庆公司发现了其中的商机。

2006年5月，温州一家婚庆公司从为新人提供方便的角度出发，推出了"新娘秘书"服务，专为新娘张罗婚礼期间的装扮、婚礼安排及礼仪等事务。

"新娘秘书"可是一种新鲜的服务项目，它不同于伴娘和婚礼策划。其服务内容非常广泛，从婚宴坐位排序到新娘装扮等都要过问和涉及，目的就是为新人提供方便，减轻新人及其家人筹办婚礼的事务负担。

李芸以前主要从事新娘化装，后来，在与新人的接触过程中，逐渐熟悉了婚庆的流程和服务项目。于是，她捷足先登，做起了专业的"新娘秘书"。

李芸说："化妆只是婚礼上的一小部分，做'新娘秘书'头脑要灵活，具备良好的心理素质，同时还要了解婚礼流程，熟悉婚庆礼仪，甚至需要帮助新娘准备各种应急用品，避免婚庆典礼上发生尴尬场面。"

有一次，她看到一对新人在婚礼上喝交杯酒的时候，因为新郎和新娘的个子有些差距，互相喝不到酒杯里的喜酒。作为"新娘秘书"的李芸及时地提醒新娘，让她踮起脚来，这样就避免了尴尬的场面。

如今，李芸已经给许多新人当过"新娘秘书"了，平均每次服务可以获得1000元左右的报酬。面对这个新的行业，李芸认识到，自己必须不断提高自己的各种知识和素质，更好地去帮助新人们度过人生中最美好的时刻。

"西门子之父"维尔纳·冯·西门子说过："我所选择的总是以大众的利益为前提，但到了最后总是有利于我自己。"精明的温州人正是从消费者的需求出发，时时考虑消费者的利益，结果，消费者却给他们带来了巨大的财富。

要想赚钱，从消费者的需求出发是关键。很多人做生意之前没有考察市场，也不知道自己做的生意是否是消费者热衷的，所以常常导致失败。而富人总是会瞪大眼睛，时时去挖掘市场需求，并且快速出击，财富自然手到擒来。

温州有一家电器厂，主要生产电烤箱，它是为烤制温州特产烤鹅而设计的。当产品推销到上海的时候，厂家发现上海人不爱吃烤鹅，而喜欢吃烤鸡。于是，厂家马上推出上海人喜欢的大烤鸡，一下子就赢得了上海人的喜欢。

同时，厂家对专门烤鹅的电烤箱进行改进，设计出用来烤鸡的电烤箱，其销量也不断攀升。后来，当产品推销到其他地区的时候，厂家主要去迎合市场的需求，烤鸭子、烤兔子、烤牛肉……紧紧抓住当地市场的需求，甚至在新疆，厂家推出了烤羊肉。因此，电烤箱的销量就一直居高不下。

适应人们的需求，商人才能够赚到钱。比如，两个商人到湖南做生意，一个卖馒头，一个卖辣子鸡，谁的生意好可想而知。就是说，在发家致富的时候，除了具备种种条件之外，最重要的一点就是要事先了解到消费者的需求，然后有针对性地去做，这样才能赚得满盆金钵。否则的话，你只能做赔本的买卖。

4. 富人不迷信固定的利润模式

> > > > > > > > >

在经商挣钱的过程中，成功者的经验是值得人们借鉴的。但是在同样的成功经验里，为什么富人取得了成功，有的人却惨遭失败呢？原因就在于这些人太过墨守陈规，不知道创新，也没有足够的胆识去打破现有的常规。而富人却不同，他们会从已有的成功经验中吸取对自己有用的东西，然后再在此基础上融入全新的观念，而不是画地为牢，将自己圈在固定的利润模式中。

在风云变幻的商海中，从来就没有固定的利润模式。也许已有的模式的确可以在短时间内为我们创造可观的利润，但是商战里变化之迅速，如果总是按照"惯例"行事，迟早会让自己陷入财富的漩涡中。

诺贝尔经济学奖得主迈伦·斯科尔斯，曾以其著名的布莱克—斯科尔斯期权定价公式对金融衍生品的贡献而登上学术界和华尔街的巅峰。

1990 年，斯科尔斯受所罗门兄弟的副董事长麦利威泽邀请，加入所罗门债券交易部门，该部门通过债券交易为公司带来 60% 的收益。1993 年，斯科尔斯与麦利威泽等共同发起设立了 LTCM 并迅速取得骄人的业绩。成立之初，基金资产净值只有 12.5 亿美元，1994 年达 28.5%，以后连续两年均超过 40%，到 1997 年末达到 48 亿美元，净增长了 2.84 倍，回报率更是令人瞠目结舌，成为市场投资者争相追逐的基金，一举成为全球最大的对冲基金。

然而，正当斯科尔斯一伙凭借着他们的定价模式管理着 1300 亿的基金资产，在全世界的每一个角落搜寻市场无效性而产生的数以亿计的无风险利润时，出人意料的事情发生了。1998 年夏天，他们向俄罗斯大肆搜寻无风险利润时，斯科尔斯的理论失效了，公司也由于过度杠杆操作，一夜之间损失了 90%。最后政府出面调停，14 家银行向其提供了 35 亿美元缓冲支持，才得以度过危机。

利润模式不是一成不变的，故步自封、墨守成规是许多人的思维特征，这也导致了很多人一味遵循守旧，而将自己逼上了绝境。所以，要想获得更多的财富，我们就要打破固定的思维模式，只有冲破这层墨守成规的牢笼，人们才可能真正地走向财富与成功。

乔治·索罗斯是个成功的富豪。1947 年他搬迁到英国，随后在 1949 年进入英国伦敦经济学院的经济系就读。读书期间，索罗斯对经济和哲学产生了浓厚兴趣。当时的著名哲学家卡尔·波普尔对索罗斯影响很大，当然这种影响不是教他如何去敛财，如何去投资，而是教会了他站在哲学家的高度，如何全面地看问题，如何从宏观与微观的角度进行分析，如何变抽象的问题为具体等等。索罗斯就是从哲学中发现了获取财富的方法，发现了金融市场的运转规律，从而使他成为震惊世界的"金融杀手"。

大学毕业后，索罗斯首先做了几年股票分析、推销工作。在积累了一些经验后，1969 年他创立了名为"量子基金"的私募投资合伙基金。1981 年有近半数的投资者退出了量子基金，但在第二年该基金的收益率却达 57%。通过深入研究波普尔的《开放社会及其敌人》，索罗斯总结出了一套所谓的"折射理论"和"走在曲线前面理论"。这些理论的核心是：人们对世界的认识是不完全的，因此要想获得成功，就必须寻找"弱者"作为突破口，并抢在别人前面发起攻击。

作为一个哲学化的金融家，他运用与发展了波普尔的理论，从而震惊了世界。1992 年，索罗斯在英国以 5% 的保险金方式从金融机构贷出了 200 亿英镑，然后又抛出英镑去换马克，导致英镑狂跌，他再买进英镑还债，在短短的一个月里赚了 15 亿美元，制造了英国金融风暴。1997 年东南亚爆发了前所未有的金融危机，这场危机延续了很长时间，而制造这一危机的罪魁祸首仍然是索罗斯。

没有人知道富人的下一步动作是什么，会以怎样的方式获得财富，但是唯一可以肯定的是，他们善于打破惯式，绝对不会在已有的利润模式中转圈圈，所以，他们往往能够获得巨大的财富。如果你想摆脱穷人的藩篱，得到大量的财富，就不要一次又一次地按照固定的利润模式去创造财富，而应该审时度势，根据当时的市场情形进行新的分析，得出新的结论，因为只有不断创新，才能创造更多利润。

5. 富人在市场细分中发现商机

> > > > > > > > >

海尔集团董事局主席兼首席执行官张瑞敏曾说："市场好比一块蛋糕，我们不过分地在现有市场抢占份额，而是去另创造一个市场，即另做一个蛋糕独享。"生活中，很多人想要独立创业，变成富人，可是他们表现出来的却是十分无奈的情绪。很多人都愁眉苦脸，认为已经没有什么可以赚钱了，似乎所有的东西都充满了市场，于是他们只能唉声叹气，继续过穷苦的日子。

但是富人却不一样，即使市场看起来已经饱和，他们也能够从自己敏锐的眼光中看到巨大的商机。就像一位富人说的那样："中国是一个很好的创业的天堂，也是一个投资的天堂，因为在中国的任何一个细分市场里面你都可以发现，隐含着巨大的商机。任何物品都是如此，美国国内一年有300多亿美元的市场，但在中国只有30多亿的市场。对创业者来说，应该说有很大的投资机会。"有些富人正是看中了这样一些机会，才在细分的市场中挖掘到了巨额财富。

2009年，西华大学经济管理学院工商企业管理专业大三的学生杨锐，因为失恋之后想寻找一种单身标志物，却让他意外发现单身文化这个巨大商机，随后他创建了"单身派"服装品牌。随着首款主打产品"光棍T恤"一炮而红，他在半年内卖出了2万多件T恤，销售额达40多万，在网上被称为"最牛专科生"。

在成为单身后不久，他迎来了第一个情人节。看着市面上销售的各种情侣用品，杨锐很窝火："这种日子对于我们这些光棍同胞来说，简直就是末日。"为了表现自己的不平凡，杨锐想寻找一种单身的标志物，商科出身的他头脑灵活，发现了一个有趣的商机——光棍T恤。

经过一系列的市场调查，杨锐开始着手干了起来。不过，一个人的力量太小了，杨锐游说了5名志同道合的同学共同创业，他们在成都附近一家小工厂代工，生产了500件白色T恤。

首批T恤上市后，立刻受到了同学们的青睐。大家都觉得很新奇，价格也不贵，好多同学不仅自己穿，还买了送人。最奇怪的是一些情侣们竟然也来凑热闹，买来"光棍T恤"张扬自己的特别。首批500件上市两周，全部售罄。初战告捷的杨锐看到了"光棍品牌"的生命力，马上到成都当地工商部门，注册了"单身派"商标。

杨锐说："光棍是个大市场，要细分才有搞头"。所以在销售T恤的过程中，他将"光棍"分为了四类：小鸟级——不是不想找，而是找不到的级别；菜鸟级——处于两场爱情的间歇期，纯属休息的那种；肉鸟级——因恋爱的伤害而不想再谈恋爱，但也期待真命天子的级别；骨灰级——万花丛中过尽而看破红尘的级别。

杨锐还将光棍分成了八等：光棍中的"金领"当属才子佳人型，他们自封为单身贵族，很享受自由的现状；"白领光棍"表面心高气傲，实则凡心已动，在观望徘徊中；"蓝领光棍"则是在感情中比较弱势的，有的苦苦等待，有的为情所伤，还有的看破红尘，拒绝"脱光"。

他还说："不同心理的光棍，对T恤的需求是不同的，我们在产品中设计的文字也不尽相同。"对于非诚勿扰的执著型，适合"光棍之路有多远走多远"的字样；受过情伤、不敢主动出击的保守型，则有"无情却似有情"T恤相配；至于顺其自然的乐天派，则非"我来自1111年11月11日"这种自嘲方式莫属。

现在，"光棍T恤"越卖越火，杨锐说："我的目标是将'单身派'打造成中国'单身文化'领域的第一品牌。经济学把成熟的市场称作红海，把未开发的市场称作蓝海，我要开发出社会当中潜藏的单身文化市场这片蓝海。"

杨锐的"光棍T恤"抓住的就是一个张扬个性的极小的细分市场，正如杨锐所说："未开发的市场都是一片蓝海。"只要充分发挥想象力，琢磨出好的商业模式，细分市场的蛋糕也足够人们去分享，细分行业的隐型冠军也正是未来投资资金所看好的。

北京探路者户外用品股份有限公司常务副总经理蒋中富在一次演讲中表示："在中国的任何一个细分市场都隐含着巨大的商机。"千万不要认为市场上已经没有了你的"立锥之地"，只要你仔细寻找，善于发挥富人们所拥有的敏锐的洞察力，你就能够在看起来已经饱和的市场上开拓一片属于你自己的天空。

6. 富人善于发现隐藏的利润区

> > > > > > > >

日本战略管理专家伊丹广之说："隐形资产是一种无形资源，它可能是技术专长、商标、顾客认同度，也可能是一种增强员工凝聚力的企业文化。只有隐形资产才真正是公司独有的用之不竭的竞争优势的源泉。"

不过，现在市场，很多投资者只顾眼睛向外，通过各种途径攻城掠地，与同行争夺日渐萎缩的市场，往往忽视了自己身上深藏的利润。就像沃尔特最初推出《米老鼠和唐老鸭》时，只把它的价值放在了电影院。然而，随着这部片子的走红，以米老鼠、唐老鸭为主题的玩具、服装、书籍、电视剧等，给他带来了更加丰厚的利润。如今，迪斯尼已经成为一个品牌、一种文化，其价值更是难以估量。其实，隐藏的利润区还有很多，只是很多投资者在人云亦云中迷失了自己，从而忽视了隐藏的商机。

一个年轻人乘火车去某地，火车行驶在荒野中，乘客颇为无聊地向窗外望去。在一处拐弯时，火车行驶速度慢了下来。这时，一幢简陋、破旧的平房进入乘客的视线，寂寞难耐的乘客都睁大眼睛"观赏"起这道风景。这个年轻人返回时，特意下车找到这幢房子的主人。主人告诉年轻人，他很想低价卖掉这幢房子，因为每当火车经过的时候，噪声的影响简直使一家人无法忍受，可是一直无人问津。年轻人果断地花3万元买下了这套房子，然后向一些大公司"推销"这堵极佳的"广告墙"。后来，可口可乐公司相中了这个广告宣传栏，租用3年，支付给年轻人每年6万元的租金。

很少有人会想到荒野中的一面破墙，也能成为获取利润的重要契机。所以说，处处留心皆商机，越是人们意想不到的地方，越是存在巨大的商机。在人们抱怨生意难做、钱难赚时，却有无数的商机在人们身边溜走或等待人们去发现。用"留心"去发掘商机，比跟在别人后面走具有更大的发展前景。因为谁是商机的发现者，谁就是市场的获胜者。

1984年，一群街头艺人创立了太阳马戏团。开始时，他们表演一些踩高跷、杂耍、变戏法、吞火等特技。但是，当时玲玲马戏团是马戏界的龙头老大，要想和它竞争显然出路不大。

传统的马戏团向来都以讨好儿童为主，但是分析需求前景可以发现，由于各种新兴娱乐活动、体育节目以及家庭娱乐的兴起，电子游戏开始受到孩子们的喜爱，儿童对于马戏的兴趣已经逐步减弱。这足以导致马戏团观众人数的减少，进而影响其营收和盈利。而且，人权团体反对马戏团强迫动物表演的声浪也愈来愈大。

因此太阳马戏团体认识到：赢在未来才是他们唯一的选择，只有彻底跳脱同行竞争，另辟蹊径，吸引全新客群，才可能有更大的发展。

鉴于以上各种原因，太阳马戏团取消了传统马戏的动物表演、中场休息时的叫卖小贩，同时减少了特技表演带来的惊险刺激，招募了一批体操、游泳和跳水等专业运动员，让他们踏上另一座舞台成为肢体的艺术家。他们又结合歌舞剧，创造性地推出了有剧情的马戏，并配以绚丽的灯光、华丽的服饰、撼人的音乐，给观众创造了全新的感官体验。

全新的表现形式，使得许多成年观众以及企业团体成了太阳马戏团的忠实观众。也正因如此，太阳马戏团摆脱了同行的竞争，吸引了属于自己的顾客群体，开创了一片属于自己的新天地。如今这个才成立20多年的马戏团，已经先后在全球100多个城市演出，吸引了4000多万观众，其营收已达到全球马戏团业霸主玲玲马戏团经营了一百多年才达到的水平。

现代市场，显然已经进入了微利时代，很多企业都承受着盈利的压力。虽然很多企业都绞尽脑汁，想出奇招来增加利润，但是不管是降低成本、扩大规模、提高质量，都没有什么明显的效果。所以，我们不仅要开拓原有的市场，同时还要睁大双眼，去寻找隐藏的商机，赚取人们意想不到的利润。

也许有人会说：已经想尽了各种办法，但是仍然不见成效，干脆放弃吧。这是怯懦的想法，富人从来都不会产生这样的念头。越是在微利环境里，他们越是要想方设法增加利润，因为他们始终相信，只要有生意可做，就一定会有利润可赚。所以，不论什么时候，都不要有放弃的想法，相信只要你仔细寻找，就会发现还有一些隐藏起来的利润等待你去发掘。

7. 富人会随时留意身边有无生意可做

>>>>>>>>

李嘉诚是人人欣羡的有钱人，他能拥有如此多的财富，就是因为他长期以来都有一个良好的习惯——随时留意身边有无生意可做。他说："随时留意身边有无生意可做，才会抓住时机，把握升浪起点。着手越快越好，遇到不寻常的事发生时立即想到赚钱，这是生意人应该具备的素质。"

生活中，很多人之所以成不了富人，就是因为他们在没有成功之前被自己的抱怨扼杀了，他们总是怪自己时运不济，怪上天没有赐予自己挣钱的机会。其实，机遇无处不在，很多人却常常疏忽。只要你留心观察，就会在那些被人们忽视的地方发现机会并抓住它，这样你就能成就一番事业，实现自己成为富人的梦想。

香港华人首富李嘉诚，1950年夏天倾尽自己的多年积蓄以及向亲友筹借的五万港元，在筲箕湾租下了一间厂房，创办了"长江塑胶厂"，专门生产塑胶玩具和简单日用品，从此开始了他艰辛的创业之路。在刚开始的一段时间里，李嘉诚尝到了一些甜头。但不久后，由于他对自身以及市场认识的不足，他的企业开始亏损，直至濒临破产的境地，李嘉诚为此付出了惨重的代价。

痛苦过后，李嘉诚开始冷静地分析世界的经济形势以及香港的市场走向，想要寻找东山再起的机会。一天晚上，李嘉诚在最新英文版《塑胶》杂志上一个不太引人注目的角落里，看到一则有关意大利一家公司用塑胶原料设计制造塑胶花，并即将倾销欧美市场的消息。李嘉诚马上认识到，此时如果在香港大量生产塑胶花，肯定会很受人们的欢迎。

说干就干，急于走出绝境的李嘉诚马上开始了他的"转轨"行动，组织力量投入生产。既便宜又逼真的塑胶花上市后，很快为香港市民所接受，订货单源源不断，产品供不应求。很快，"长江塑胶厂"的名字为人们所熟悉。李嘉诚借助一个偶然发现的商机度过了创业的危机，渐渐地走上了稳定发展的道路。"

对一个想要成功的商人来说，最重要的就是要把握商机，如果不能抓住转瞬即逝的机会，就不可能在竞争如此激烈的商战中脱颖而出，更不可能拥有巨大的财富金矿。要知道，那些成功获得财富的商人都有猎犬一般灵敏的嗅觉，同时也有鹰隼那样迅猛的速度，只要发现目标，他们就会一击而中。所以，面对可遇不可求的机会，一定要及时把握，果断出手，绝对不能有任何的迟疑。

美国钢铁大王卡耐基曾说："机会是自己努力创造出来的，任何人都有机会，只是有些人不善于创造机会罢了。"机会是通向成功的捷径，只有不断发掘市场机会，才能商机无限，创造无限。勇敢地创造机会，发掘商机，财富才会扑面而来。

方平从小就跟着父亲捕鱼，二十几年来，他一直靠捕鱼维持全家的生计。但是，天有不测风云，在一个风雨交加的晚上，渔船被风浪袭击，沉入了海里。如果重新置办一艘渔船，起码得花好几万，可是他要照顾全家人的生活，还要供三个孩子上学，即使变卖了所有家产也拿不出来。无奈之下，他只好和妻子一起外出打工。可是除了捕鱼他什么都不会，根本就没有人愿意聘用他。

一天，他在菜市场转悠，想找点活干。突然他在地上发现了一本《生财之道》，随便翻了翻，却让他瞬间明朗。上面有一篇介绍的是"酿酒养猪，稳赚不输"的项目，他旋即想到，在自己的家乡酒肉生意肯定有巨大的市场，因为那些捕鱼为生的人常常要跑好远的路才能买到好酒好肉。方平第二天就带着妻子学习了新工艺酿酒技术，然后带着精良的酿酒设备和完备的创业计划满怀希望地回到了家乡。酒坊开业还不到两个月的时间，就几乎占领了整个村庄的白酒市场。

方平原本头脑就很灵活，他看到海边大量廉价的鱼，就觉得用来做成鱼粉养猪也是一个不错的选择。于是他用酒糟结合鱼粉配制饲料，猪不但爱吃，而且长得快，一般3个月就可以出栏。由于成本低，每养一头猪就能赚近千元。现在，他不仅不愁生计，而且盖起了村里第一栋洋楼，三个儿子也被送到了市里最好的私立学校。

对于普通人来说，那本《生财之道》看过后可以随时丢掉的东西，但是对于善于发现机遇的智者来说，就是一个千载难逢的发财之道。所以，好的机遇往往都只青睐那些有准备的人。生活中处处都埋藏着金矿，只要你有着独具的慧眼，便可以抓住商机，发现市场，开拓市场，做一个有才能的成功者。随时发现创业商机的能力是成功者必备的素质之一，想成功的你应该在日常生活中多加实践，培养自己挖掘财富的能力。

8. 富人懂得别人的懒惰是自己的机会

> > > > > > > >

文学家雨果曾经说过："在这个世界上，没有任何东西的威力比得上一个适时的主意。"而在赚钱之道中，上算靠脑子赚钱，中算靠知识赚钱，下算才靠体力赚钱，这些不仅是聪明人的法则，也是富人的致富远离。因为很多时候，只要我们能够下力花心思，那么就一定能找到致富又省力的途径。

我们都知道，只要是人，都存在有懒惰的心理。因为懒得洗衣服，发明了洗衣机，因为揉面太累，发明了和面机。而这些发明，通常都源于那些善于积极思考的富人。因为他们懂得跳出固定的思维模式，抓住一闪而过的机会，包括人们的"懒惰"。

1991年，杰夫·保罗不仅是一个无家可归、身无分文的失败者，而且还有10万美元的财务赤字。可是有一天，杰夫·保罗突然从一本破旧的古董书里发现了一种极为简单、有效的赚钱方式。

他发现，在自己身边有不少年轻的打工者经过一天的劳累后，回到家直接就进入到了"休眠"状态，除非有必要去商店，很多人都懒的再挪动步子去就近的商店购物逛街。对于人们这种既不想挪步又想买到自己所需要商品的懒人想法，杰夫·保罗找到了自己创富的机会。

首先他在本地报纸上，刊登廉价的分类广告，比如标题为"免费索取《轻松烹饪美食的技巧》报告"。吸引更多的人打电话给他，留下姓名和收信地址。然后杰夫·保罗就把免费报告连同其他商品的促销信邮寄给顾客。当然，顾客很可能不会立即买他所推销的商品。但是不要紧，杰夫·保罗每隔一段时间就再邮去一些有价值的报告及商品促销信。而收信的顾客由于持续收到杰夫·保罗寄来资料，就逐渐增加了对杰夫·保罗的信赖，把他当作懂得专业知识的专家。长此以往，顾客就陆续开始购买他所推荐的商品了。

也正是这套技巧，帮助杰夫·保罗在2个月内就摆脱了银行债务，并且快速就成为在家工作的百万富翁。杰夫·保罗把这套方法和创富智慧写成了一本书——《如何穿着内衣坐在厨房桌边每天轻松赚钱》，并销售给了15万人。

有人说，懒惰其实也可以成为人们奋发而上的动力。的确，正如早期电话发明出来以后，人们又发明了拨号杆。因为当时贵族觉得把手指头伸进拨号盘是一件不雅观的事情，而且很费力又容易弄上手指，所以拨号杆才得以问世。

事实上，许多的千万富翁都是积极的思维者，他们时刻在寻找最佳的新观念。他们懂得要想不脱离人们接受新事物变换的速度，那么就必须积极开动思维，利用一切机会做到独树一帜的创意，这样才能真正寻找到创富的机会，才能利用这些新观念成为来增加自己积极思维者的成功潜力。正如人们懒惰的这一心态，正像一个可以无限开发的黑洞，只要肯积极思考，就能爆发出无限发明的可能。

1928年，21岁的埃德温·舒马克发明了世界上第一个活动靠背扶手椅，从此永久性地模糊了坐与躺之间的区别。

他最初的原型是一个打算用在门廊的木条椅，是用橙色板条箱制成的，在设计上，这种椅子能够在任何角度与背部轮廓相吻合。最初的消费者虽然很欣赏这种设计，但他们认为躺在一个赤裸裸的木椅上绝不是一种享受。为此，有人建议舒马克给木椅装上椅套和座垫，这样人们将更加享受到舒适与休闲。当舒马克按客户建议完成"升级"工作之后，又与同伴——他的表兄弟爱德华·科纳布什发起一项比赛，为这项发明征集名字。"懒男孩"最终挫败其他对手胜出。

其实，要想找到好主意，还需要靠态度。就像那些能够利用"懒惰致富"的富人一样，即便他的思想有了开拓性，但是要想想出更好的主意，找到能够撷取致富的更好方式，也应该保持一个积极的进取态度。例如世界最伟大发明家之一托玛斯·爱迪生的一些杰出的发明，是在思考一个失败的发明，想给这个失败的发明找一个额外用途的情况下诞生的。

事实上，人类很多的东西都是依靠思维的不定性，这也正是为什么富人往往都是"能动的天才"。很多时候，只要我们有远见，有勇气，并且大胆的利用自己的思维去发掘生活中更多的信息，将自己的思维注入更多的标新立异，那么终有一天我们会走上致富之路。

偷

——富人不说却默默在做的99件事

学

第七章
chapter7

富人胆识过人，
撑死胆大的，饿死胆小的

1. 财富英雄都是有胆有识的人

> > > > > > > >

一次，有人问一个农夫是不是种了麦子。农夫回答："没有，我担心天不下雨。"那个人又问："那你种了棉花了吗?"农夫说："没有，我担心虫子吃了棉花。"于是那个人又问："那你种了什么?"农夫说："什么也没种，我要确保安全。"

有些人向来信奉安全第一，做事情也好、挣钱也好，都和上面这位农夫一样，缺乏胆识。常言道："不入虎穴，焉得虎子。"想赚大钱，却不想冒风险，那是不可能的。富翁们都非常清楚地知道风险在所难免，想抓住机遇就得冒险。要充满自信，在风险中争取获得更多的金钱。其实，在很多时候，很多事情大家都做不来，做不好，并不是不会做，不能做，而是没有胆量去做。

井植岁男创立了赫赫有名的跨国公司三洋企业。某天，一个为三洋服务多年的园艺师向他请教成功的诀。他笑着说："好吧，我看你相当擅长园艺的工作，正好我的工厂附近有一大块空地，我们可以种一些树苗。请问一棵树苗多少钱?"

园艺师说："40元。"

井植岁男说："那好，咱们以一坪地种上两棵树来计算，大约可以种25万棵树，树苗成本刚好是100万。3年后，一棵树苗可以卖多少钱?"

园艺师回答说："大约3000元吧。"

井植岁男说："我先支付100万，用来购买树苗和肥料。而你就发挥你的特长吧，好好照料它们。等到3年以后，挣到600万的利润我们再五五分账。"

园艺师马上拒绝："啊，那么大的一笔投入，我看还是算了吧。"结果园艺师还是选择放弃，继续为三洋公司打工，做着园艺工作。

网易的创始人丁磊原来在宁波市电信局工作，旱涝保收，待遇很不错。但他在1995年不顾家人的强烈反对，从电信局辞职，决心出去闯一闯。他这样筹划自己的将来："这是我第一次开除自己。人的一生总会面临很多机遇，但机遇是有代价的。有没有勇气迈出第一步，往往是人生的分水岭。"

一位亿万富翁说："从来没有一个人是在安全中成就一番伟业的。"富翁不仅是谋略家，同时还是有冒险精神的野心家。在商海中，他们只要看准机会，就敢于决断，"大胆下注"。成功的富翁，常常会发动果敢的变革或投资行动，有时几乎是以公司命运做赌注。

1984年，美国航天飞机成功地回收了返回地面的人造卫星。悬挂在英国劳埃德保险公司大楼内的小铜钟发出了一声喜悦的响声，向全公司职员宣告，本公司因这次飞行保险而赚了5000万美元。敢冒最大风险，才能赚最多的钱，这是劳埃德保险公司生意的一贯宗旨，也是富人赚钱的秘诀之一。

做生意有赚也有赔，这已是司空见惯的事，更何况保险业本身就是一种冒险。但劳埃德公司敢于承担风险很大的保险项目，是其它公司望尘莫及的。旷日持久的两伊战争曾经使海湾水域成了危险地区，许多保险公司都视为畏途而裹足不前，劳埃德公司也因一些油船和货轮的沉没、损坏和被困，赔偿了5.25亿美元。但劳埃德公司在海湾的保险业务并未因此中断，而其它保险公司纷纷退出或不敢进入，结果使保险费大涨，从伊朗哈格岛驶出的每艘价值2000万美元的油轮，7天有效期的保险费高达4000万美元，劳埃德公司因此获得了大宗的巨额保险收入。

在世界保险市场上，劳埃德公司善于接受新事物，开拓创新，总是争当最新保险形式的第一。1866年，汽车诞生了。劳埃德公司在1909年率先承接了这一新事物的保险。当时还没"汽车"这个名字，劳埃德公司将此项目命名为"陆地航行的船"。该公司还首创了太空技术领域的保险。目前，该公司承保的项目可谓洋洋大观，从太空卫星、超级油轮，直到脱衣舞女郎的大腿。总之，只要能赚最多的钱，公司就敢冒最大的风险。

以前所有的人都认为勤奋是富人事业成功的不二法门，但是现在还要加上一条，就是"胆商"。曾有一项对1064名经理人进行的能力测试发现，"胆商"指数的高低是一个人事业成功与否的重要参数。

丘吉尔曾经说过："勇气很有理由被当作人类德性之首，因为这种德性保证了所有其余的德性。"这里所说的勇气，就是一个人的胆量、胆略、临危不乱、处变不惊、力排众议、破釜沉舟的决断力。一个人要想攀越财富这座大山，就必须拥有过人的胆识。只有这样，你才能勇敢抓住转瞬即逝的机遇，最终跨进财富的大门。

2. 头道汤的味道最好——富人有险中求富的观念
> > > > > > > >

富人都知道，做生意头道汤的味道最好。先人一步的生意是最赚钱的，敢为天下先的胆识是每一位富人所具有的特质，所以他们成功了。但是有些人却不这么认为，他们信奉的是"出头的橡子先烂"的原则，而且害怕失败，更没有勇气去承受失败的打击。

看看温州人我们就知道，他们之所以那么有钱，就是因为他们敢于尝试，敢做第一个吃螃蟹的人。在面对市场的时候，很多人都不敢"喝头汤"，因为它也意味着风险，一不小心就有可能倾家荡产，失去一切。但是，在放弃头汤的时候，也放弃了机会和利益。商场如战场，要想取得胜利，就要敢于冒险，敢于喝头汤。

对电脑一窍不通的马云，是在朋友的介绍下开始认识互联网的。1995年初他偶尔去美国，请人给自己做了一个翻译社的网页，没想到三个小时就收到四封邮件。敏感的马云清醒地意识到：互联网必将改变世界，走进人们的生活！接着，不安分的他萌生了一个想法：要做一个网站，把国内的企业资料和信息收集起来，放到网上向全世界发布。

当时快要三十岁的马云，已经是杭州十大杰出青年教师，校长还许诺他外办主任的职位。但是，特立独行的马云挥挥手，放弃了在学校的一切地位、身份和待遇，义无反顾地下海。

此时，互联网对于绝大部分中国人来说，还是非常陌生的东西，甚至不知它是何物，即使在全球范围内，互联网也刚刚开始发展：大洋彼岸，尼葛洛庞帝刚刚写就《数字化生存》、杨致远创建雅虎还不到一年；我国科学院教授钱华林刚刚用一根光纤接通美国互联网，收发了第一封电子邮件。

马云梦想着要用互联网来开公司、下海、盈利，这个想法却立即遭到了亲朋好友的强烈反对。"我请了24个朋友来我家商量，我整整讲了两个小时，他们听得稀里糊涂，我也讲得糊里糊涂。最后说到底怎么样？其中23个人说算了吧。只有一个人说你可以试试看，不行赶紧逃回来。我想了一个晚上，第二天早上决定还是干，哪怕24个人全反对我也要干。"

毫无疑问马云做成功了，这是我们有目共睹的。当问到马云为什么能在几乎所有朋友的反对下，还敢去做呢？他是这样说的："其实最大的决心并不是我对互联网有很大的信心，而是我觉得做一件事，无论失败与成功，经历就是一种成功，你去闯一闯，不行你还可以掉头；但是你如果不做，就像晚上想千条路、早上起来走原路一样的道理。"

由此我们不难看出，成功者大都是那些敢为天下先的人。他们一般被人尊为第一个吃螃蟹的人。很多人没能成功，就是因为担心"枪打出头鸟"，他们宁愿安于现状、也不愿意冒险尝试一下。这样畏畏缩缩、胆小怕事的人，成功之神又怎么会青睐他呢？所以，要想取得前所未有的成功，就要做出前所未有的举动。

艾宝荣是济南大学计算机专业2000年毕业的女大学生，怀着对生活的美好憧憬踏入社会，多方求职，却均以失败告终。她摆过地摊、卖过凉席、开过肉食店……

就在她创业举步维艰时，一篇养虫子致富的报道引发了她的极大爱好。她带着找到创业项目的高兴，前往山东农业大学学习养殖技术，开始了她的"养殖人生"。

最初，每当看到那些苍蝇和蝇蛆的照片，都会让她恶心不已。现在的艾宝荣已经把苍蝇当成了宝贝，她说："我养殖的苍蝇叫家蝇，是一种在封锁环境中经驯化的可以养殖的生物，与害虫的绿豆蝇和红头蝇有很大区别。家蝇的幼虫蝇蛆营养价值很高，经由灭菌、除臭、脱水可以制成浓缩蛋白质，可做食物添加剂，也可做出产酱油、味精的原料，本钱低廉，市场远景广阔。"

曾有人问她，难道不觉得恶心吗？她笑着说："第一次见到这么多苍蝇，肯定会感觉不好受，但时间长了，你会接受它们甚至喜欢上它们。这些动物都很智慧，也愿意与人交流。"现在，艾宝荣的虫子养殖场已经达到月产鲜虫30多吨的水平，她还建立了虫子网站，通过网络将生意做到了英国、韩国。她的新厂房也将很快投入使用，她还预备充分利用蝇蛆，再建一个养猪场和一个高档养鸡场。

鲁迅说："世上原本没有路，走的人多了便成了路。"想挣钱、想创业，我们就要敢于跨出第一步。如果总是担心从来没人尝试的项目会导致失败，你就永远也不可能成为富人。要知道，但凡成功者都是敢于冒险的人，小心翼翼、无胆无识终将绊住你成功的脚步。

3. 富人敢往人少的地方走
> > > > > > > >

很多没有挣到大钱的生意人似乎都形成了一种惯式，认为做生意就要到人多的地方去做，因为那样才会有销路，才能赚到更多的钱，可是事实却恰恰相反。因为在激烈的竞争浪潮中，与人争锋的生意并不好做，而且同行多了，分的羹也就多了，落到自己头上的财富自然也就少了。

那些真正精明的富人却不这么想，也不这么做。他们聪慧的头脑告诉他们，越是人少的地方，可能越是会赚到钱。并且这样的想法百分之九十都是正确的，如果你在他们人之前抢占了市场，掌握了客户，那么后来者也只能捡收"残羹剩饭"，没有多大的好处了。所以，要想获得更多的财富，千万记住不要扎堆做生意，而应该在人少的地方找出路。

每一个到过西藏的人都知道，由于那里海拔很高，氧气平均含量低，第一次进藏的人都会出现高原反应：头晕、头疼、恶心等让人感觉非常难受，往往需要一定时间的调整才能适应。所以，一般人都不愿意到那里去做生意，因为害怕自己不适应当地的环境，最后不仅钱没赚到，反而危害自己的身体健康，非常不划算。但是，一位聪明的陈女士却从中嗅到了无限的商机。

几年前，陈女士第一次进西藏，高原反应着实让她感觉难受不已。怎样才能解决这个难受的缺氧问题呢？直觉告诉她，解决了高原反应必然会获得报酬。曾经当过医生的陈女士当即决定：开发一种可预防高原反应的特效药。

于是，她主动与西藏藏医学院藏药厂合作，一起研制抗高原反应的药物。如今，他们已经成功提炼出一种可防缺氧反应的酶，并制成了胶囊。目前该项技术已申请专利，即将上市。此外，陈女士还研制出可抗缺氧的生态茶。

高原反应的问题得到了解决，青藏铁路的开通也为生意人带来了很多便利。当多数生意人想在西藏开辟自己的新天地时，陈女士已经抢占了市场的先机。

一位成功人士说过："成功往往取决于你敢不敢往人少的地方走。那里可能会有未知的风险，但因为没人或少人来过，留给你的才有可能硕果累累。大家都惧怕风险和危险，都宁愿选择往那些最多人走过的路前行。在别人开辟和挖掘出来的老路上行走，虽然看起来很安全，但因为走的人太多，所有的财富与资源早就被人占有。即使幸运地新发现了一小部分，也必然会被蜂拥的人群争抢与瓜分。走这样的路，又怎么会有大收获呢？"

的确，人多的地方必然竞争激烈，竞争激烈就不能轻松挣到钱。所以，做生意，不能做大多数，随大流，要时时刻刻让别人跟在你的后面。当别人都去跟着你做的时候，你的钱已经挣够了。我们从浙江生意人的做法中，就可以看出他们不做大多数的精明之处。

2005年，浙江温州森马跟韩国某设计公司正式合作。该公司为森马设计了十几款韩式春夏装投入市场试销，反响很不错。

浙江一位经营饰品店的老板对韩剧非常关注，因为他经营着一家日韩精品店。这位老板说，每一部韩剧播出他都要看，以便为自己进货提供参考。2005年上半年，中韩合作的电视剧《情定爱情海》播出后，他特意进了一批剧中人物戴的"柏拉图永恒"的手链来卖，虽然标价两百多，但每天仍然可以卖出三四条。

温州还有一家美容院，在韩式整容还没流行的时候，老板特意邀请了曾为韩国明星整容过的大夫做院长。该院负责人介绍，很多顾客都被剧中女主角的精致容貌所吸引，前来询问韩式美容的事宜。营业两个月，就为五十多位顾客"变了脸"。

当大多数人开始意识到这些商机中蕴含着巨大的财富时，这些聪明的生意人又很快转战到其他地方去了。

很多生意人只看到了一个事物流行的表面现象，却没有去追究这个事物的发展趋势。而聪明的商人思维是异常活跃的，他们不甘做大多数的俗人，所以善于发现商机，抓住商机。就像我们常说的："真理是掌握在少数人手中的"。经商也同样如此，如果你不甘心成为普通的大多数，那么就要努力学习少数精明的商人，向他们独特的思维看齐，学习他们机敏和善变，去摸索他们为何对商机有如此灵敏的嗅觉。

4. 富人敢于断绝自己的所有后路

> > > > > > > >

有一次，恺撒将军带领军队渡海作战时，登陆后才发现一项严重的问题，即随船远征的军队人数少得可怜，而且武装配备也残破不堪，以这样的军力征服骁勇善战的盎格鲁萨克逊人，无异于以卵击石。他深知这次战争的重要性，绝对不可以给自己的军队留后路。他要将士们知道，这次作战不是战胜就是战死，所以在士兵的面前，他把所有的船全部烧掉。这样将士们唯一可以活下来的途径只有战胜，战时的勇猛和结果可想而知。

一个人能否成功获得财富，关键在于他意志力的强弱。意志薄弱的人一遇到麻烦，甚至在挫折还没有到来之前，他们就开始庸人自扰，彷徨失措，把精力都放在如何规避这一问题上，放在为自己铺设的后路上。当困难一个接一个到来时，他们就一步接一步后退，最后终将无路可退；而意志坚强的富人不管遇到什么困难和障碍，都会百折不挠，想方设法地前行克服。

2003年9月，北京视新天元广告有限公司被世界权威的商业刊物《财富》中文版评为"十佳·最佳雇主——中国最适宜工作的公司"。董事长朱庆辰很看重这个荣誉，能获得今天的成就，与朱庆辰的果决是分不开的。

朱庆辰高中毕业后先是进了工厂，后来又进了团中央做摄影记者。爱好摄影的朱庆辰并没有就此满足，在从事了4年新闻摄影工作、又学习了广告摄影知识后，他发现自己的兴趣更倾向于广告摄影。为了要做自己感兴趣的事，朱庆辰决定离开团中央。就这样，他没有过多地想自己的后路，就把自己的"铁饭碗"砸了。后来，他和朋友创办了一家广告公司。

当时公司只有他和朋友两个人，由于朋友是干兼职，所以，他通常都是白天跑一天，晚上和朋友一起商量设计方案。"那时累得骑自行车都能睡着了，每天的休息时间只有5个小时，这种状态延续了一年半。"

其实，对朱庆辰来说辛苦并不算什么，让他陷入困境的是，朋友单位不允许兼职，半年后不得不离开了公司，这就意味着公司塌了半边。那段时间朱庆辰很痛苦，甚至觉得这件事根本就做不下去了，因为所有的设计都是朋友做的。后来，另外一位朋友无意的一句"会有办法的"话，给了朱庆辰力量。

在朋友的支持下，朱庆辰坚持了下来，"没有一个人的意志从开始就是坚强的，一个人如果没有了后路，前面有天大的困难都会向前走。"朱庆辰说，"我已经开始创业了，以我的性格如果让我再回到一个地方打工，我可能受不了，是我自己把后路切断了。"

朱庆辰一年后终于冲出了困境，公司也渐渐走上了正轨。到了1998年，他又做了一件切断自己后路的事，就是把公司从位于北长街的旧址搬到现在的办公地点新世界中心。"那时，正处在东南亚金融危机的时候，经济环境不是很好，搬到新地址，光租金就是原来的4倍，公司要背上沉重的负担。但我想如果公司要上一个台阶，不管从管理的角度，吸引人的角度，树立公司形象的角度，无论费用多高都要搬。"后来，正如朱庆辰所预期的那样，换了环境，员工的心气高了，客户也更尊重公司，公司的面貌焕然一新，经营状况蒸蒸日上。

很多人在做事情的时候，总是习惯事先给自己找好退路，如果发现前面是绝境，他们会毫不犹豫地回头，丝毫没有破釜沉舟的勇气，所以失败常常光临他们身边。而意志坚定的富人却总是敢于决断，自绝后路，越是没有退路，他们越是会排除万难，获得胜利，这也正是富人会获得成功是重要原因之一。

所以，要想成为生意场上的雄鹰，要想让自己贫穷的现状得到改善，一旦下了决心，就要不留后路，竭尽全力，向前进取，即使遭遇万千困难，也不要退缩。如果你抱着不达目的决不罢休的决心，就会不怕牺牲，挑战艰难，那些犹豫、胆怯、失败的恶魔就会在你强大的气场下消弭于无形。这样，你才能在事业上取得伟大的成就，站上财富的巅峰。

5. 富人创造机会

> > > > > > > > >

有个穷人靠在一块大石头上，懒洋洋地晒着太阳。这时，从远处走来一个怪物。"喂！你在做什么？"那怪物问。"我在这儿等待机遇。"穷人回答。"跟着我走吧，让我带着你去做几件于你有益的事吧！"怪物说着就要来拉他，穷人不耐烦地将它撵走了。这时，一位长髯老人来到穷人面前问道："你抓住它了吗？""抓住它？它是什么东西？"穷人问。"它就是机遇呀！"

大多数穷人都如此，总是坐等机遇的出现，却不知它是什么样子，这是一种悲哀。而成功者通常都是善于创造机会的人，因为他们明白，机会是等不来的，只有主动出击，主动寻觅，才会在不知不觉中来到你的身边。

1999年，99巴黎·中国文化周，温州西服参加了巴黎"中华服饰文化展演"。9月6日，经国家纺织工业局的安排，5家服装企业在联合国教科文组织总部与法国男士服装制造业协会进行了交流。

当时，"乔顿"服饰公司董事长梁辉光与法国世界顶级品牌西服纪梵希（GIVENCHY）公司男装部总经理纪利先生简短地进行了交谈。

突然，梁辉光昂首挺胸地站在纪利先生面前，说："你看我这身西装怎么样？是我们公司生产的。"

纪利先生礼节性地看了看梁辉光身上的西服，然后赞许地点了点头。

但是，梁辉光却认为这是一次展示自己产品的机会，他脱下西服递给纪利先生。纪利先生以专业的眼光，里里外外仔细地打量了一番。然后，他以佩服的口吻说："不错，不错，这已达到世界中上水平。"

梁辉光趁机说："我公司年产西服能力达20万套，希望今后为贵公司的世界级品牌定牌加工生产。"

当纪利先生听说温州已经有企业为国际知名品牌加工的消息时，当场表示："OK！本公司已在中国的香港、上海建立合作公司。我们可以通过这两个机构作纽带，把这件事做成。"纪利先生还承诺，会率中国的合作者及代表到温州考察。他说："我对这样的合作充满信心，我认为合作后不仅可将产品在中国市场销售，而且可向欧洲、美洲等国家出口。"

有一句美国谚语说："通往失败的路上，处处是错失了的机会。坐待幸运从前门进来的人，往往忽略了从后窗进入的机会。"机遇不会落在守株待兔者的头上，只有敢于行动、主动出击的人，才能抓住机会。

北京五福茶艺馆董事长段云松也说过："做生意要敢做敢为，等是等不来赚钱机会的。"机遇是人生路上的流星，转瞬即逝，把握好机遇，你的人生可能就此发生大转折。当然，如果我们主动去创造机会，抓住机会，机遇或许能更快更多地到来。

1991年，在温州市委任职的王建辉毅然辞掉公职，去匈牙利发展。遗憾的是，出师不利，从国内组织出去的圣诞礼品，因为运输延期，错过了圣诞节，因此不得不打折销售，大大亏本。王建辉也因此气得胃出血而住进了医院。

出院后，王建辉倾其所有，从温州调运了一万余副太阳镜销售，这次尝到了成功的喜悦。后来，王建辉又去阿尔巴尼亚，却遭到了歹徒的打劫，又一次住进了医院。两次住院，王建辉最大的感受就是医药费极其昂贵。尤其是阿尔巴尼亚，因为药品主要依靠进口，价格就更加昂贵。王建辉灵机一动，为什么不做药品生意呢？于是，他找到了赚钱的机遇。

1995年1月1日，阿尔巴尼亚开始实行药品注册登记，王建辉成了该国卫生部第一个注册的人，也是唯一的一个中国人。目前，王建辉的公司是中国药品进入阿尔巴尼亚的全权代理，进口量为其药品的40%。

要想好的运势伴随自己一生，就要争取机遇，抓住机遇，就要勇敢地以自己的最佳优势迎接挑战，要力求选择最佳方案，然后付之于行动。必须主动寻觅机遇，要敏锐地"抓住机遇"。机遇只能馈赠给踏破铁鞋、积极寻求的探索者，而不是恩赐给守株待兔、消极等候的人。

寻找机遇，就必须伸长触角，睁大双眼，紧紧盯着各种信息。赚钱的机会不会从天而降，作为一名商人，就要通过自己敏锐的嗅觉发现商机，即使是毫不起眼的信息也不能放过。那些成功的人大多都是在自己主动创造的机会中赚得了财富的，如果你也想变成有钱人，就赶快行动起来，去寻找机会、创造机会。

6. 富人敢于蛇吞大象

> > > > > > > >

2004年，温州民企中国飞雕电器集团收购了有50多年历史的意大利墙壁开关企业ELIOS，这是温州民企首次收购外国企业。在这次收购中，飞雕电器付出550万欧元买下了该公司90%的股权。集团董事长徐益忠

偷 学

—— 富人不说却默默在做的99件事

说："我去意大利实地看后，发现收购 ELIOS 公司非常合算。该公司固定资产有1200多万欧元，年产值也有800多万欧元。收购它以后，飞雕电器就有办法进入欧美市场了。"任何一个企业要想拓宽自己的市场，就必须要有飞雕电器这样蛇吞大象的雄心和胆识，如果总是害怕担风险而踟蹰不前，就会让很多机会白白溜走。所以，要想把事业做强做大，过人的胆识不可少。

在"世界鞋都"意大利，只有一位中国商人可以以"欧商"的姿态面对市场，而且欧洲对中国鞋的反倾销税于他几乎毫发无伤。在他的公司门口，飘扬着8面外国国旗，像个联合国机构一般。每面国旗都告诉你，哈杉在这些国家开有分公司或是加工厂。他就是王建平，在温州鞋界人称"豹子"。

王建平领导的哈杉鞋业公司，在国际市场上本来属于三流企业，在温州也只能算作二流，却因收购意大利的一家主流鞋企而脱颖而出。"蛇吞大象"是王建平大胆进军国际市场的一个标志性的战略战术。

作为具有50多年历史的意大利的威尔逊公司，专门加工 Wilson（威尔逊）、POLO（保罗）、Versace（维萨奇）、Brussardi（奇萨帝）及 Donnakaran（多娜卡伦）等世界著名品牌的男鞋。

2004年8月，哈杉正式收购意大利威尔逊制鞋公司90%的股权，该公司原班人马包括法斯蒂加里继续在原岗位工作。收购后，哈杉拥有了 Wilson 这一国际品牌，而哈杉仍是自己的第一品牌，Wilson 则作为公司的子品牌。王建平计划在三五年内，使哈杉成为欧美市场小有名气的品牌。

此次收购也成为"中国鞋都"企业对"世界鞋都"企业的一次兼并，温州也因此诞生了首个真正意义上的本土"跨国公司"。随后，王建平继续通过海外收购的方式打造哈杉的全球销售网络，将具有30多年的销售经验，在日本、西欧和美国都有很好的销售网络的台湾立将公司也收购于自己的旗下。

在致富的过程中，有些人认为偶尔的小打小闹是可以的，即使亏损也不会有太大的损失，而且在强大的市场中占得一席之地本就不易，所以一定要保存好自己的实力，决不能做出超出实力范围之外的决策。而富人的想法却是，企业要发展，就要不断壮大自己的实力，除了自身的发展外，借助外力吞并的方式也是让鸡蛋变成大石头的方法之一。

改革开放后，时任嘉兴市公安局常务副局长的厉建平毅然决定下海经商。他说："我的第一桶金是经营煤炭和石油，并迅速完成了原始基本积累。"有了资金的厉建平变得"不安分"起来，他想办一些实业作为自己发展的方向。最终，厉建平的眼光瞄上了有着一百多年历史的五芳斋。

2002 年，厉建平买下了五芳斋60%的股份，正式入主五芳斋。在别人眼里，厉建平这个温州人敢于吞掉老字号五芳斋，就算他能吞下，也消化不了。但是，厉建平却让许多人刮目相看。

成为五芳斋的主人后，厉建平首先不断改进和创新产品花色，把五芳斋粽子的品种从最初的两三种发展到近百种。接着，他还开发出月饼、汤圆、八宝饭、咸蛋、卤制品等五十多个食品系列。

厉建平还注重销售网络的编织。如今，五芳斋已在国内十几个大中城市建立了分公司，在长三角高速公路服务区设有 65 家连锁店，几百个"放心早餐"供应点遍布各地。五芳斋粽子不但畅销全国，还出口亚、欧、美、澳、非五大洲。五芳斋的实力不断强大。

2004 年，厉建平成功组建浙江五芳斋集团，旗下共有 16 家子公司，涉及农副产品流通、食品加工、房地产开发、国际贸易四大领域，拥有员工 3000 多人，年销售收入达 6 亿元。五芳斋还被农业部等八部委评为"农业产业化国家重点龙头企业"。

在竞争激烈的市场形势下，弱肉强食已经不再是新鲜事。不管是蛇还是大象，讲究的都是真正的实力。只要有实力，蛇吞大象是非常正常的事情。一个人成不成功，除了一定的实力之外，更重要的就是胆识。如果缺乏胆识，缺乏良好的决断力，就算你有了大象的形体，也未必能够将一条小蛇吞下。所以，做生意首先要有足够的胆识和魄力，否则即使你拥有再好的先决条件，也无法成为真正的有钱人。

7. 富人冒险博冷门

> > > > > > > >

有些人人做生意喜欢跟风扎堆，看别人做什么赚钱就立即紧随其后，想要分一杯羹，却常常什么也赚不到。具有聪明头脑的富人就不一样，他们的思维方式往往与众不同，越是别人不愿做、不敢做的生意，他们越是能从中发现无限的商机，赢得大量的财富。谁要想出奇制胜，就要敢于在冷门上赌一把。

菲律宾有一家地理位置极差、但生意却极佳的餐馆，其经营的成功全在于餐馆老板的奇思妙想。

这家餐馆的生意起初并不好，由于地处偏远且交通不方便，去餐馆用餐的顾客很少。有人建议老板干脆关掉餐馆，另谋它路。老板思索再三，决定看看其它餐馆的经营状况后再说。于是，老板扮作一个顾客，挨家餐厅去考察。最后，老板发现，那些地处闹市区、生意较好的餐馆有一个共同点："现代派"味道十足，"闹"得不能再"闹"。老板不止一次发现一些不喜欢"热闹"的顾客直皱眉头，匆匆用餐后，匆匆离去。

老板想起了自己餐馆所处的独特幽静的地理位置，不由跃跃欲试："来个'幽静高雅'，会是怎么样呢？"他请来装修工将餐馆的外貌精心装饰得淡雅、古朴；屋内的装饰只用白、绿两种颜色，白色的柱子、白色的桌椅，绿色的墙、绿色的花草。老板还用莎士比亚时代的酒桶为顾客盛酒，用从印度买来的"古战车"为顾客送菜。

奇迹出现了：早已被喧嚣声搅得烦不胜烦的顾客们，听说有一个古朴幽静的餐馆可以进餐，于是，一传十、十传百，人们纷至沓来，餐馆的生意顿时好转。

有时候，大胆博冷会将自己从危机的边缘拉回来。当然，博冷的确存

在一定的风险，但是要想获得更多的财富，就要具备这种险中求胜、冷中求财的勇气。浙江宋城集团创始人黄巧玲说过："经商成功的关键是与众不同，如果是很多人在做的行业，我就不做。"富人就是如此，他们从来不会随波逐流，要干就干别人从来没有干过的事。正是这种大无畏的胆量，让他们取得了一次又一次的成功。

日本的泡泡糖市场，多年来一直被劳特公司所垄断，其它企业要想打入泡泡糖市场似乎已毫无可能。而在1991年，弱小的江崎糖业公司一下子就夺走了劳特公司三分之一的市场，成了日本这一年经济生活中一条轰动性的新闻。江崎公司是怎样获得成功的呢？

首先，公司成立了由智囊人员、科技人员和供销人员共同组成的班子，在广泛搜集有关资料的基础上，专门研究劳特公司生产、销售的泡泡糖的优点与缺点。经过一段时间认真细致的调查分析，他们找出了对手生产的泡泡糖有以下缺点：第一，销售对象以儿童为主，对成年人重视不够（其实成年人喜欢泡泡糖的也不少，而且越来越多）；第二，只有果味型（其实消费者的口味需要是多样的）；第三，形状基本上都是单调的条状（其实消费者对形状的审美情趣也是多样的）；第四，价格为每块110日元，顾客购买时要找零钱，颇不方便。

发现以上这些可钻的空子以后，江崎公司对症下药，迅速推出了一系列泡泡糖新产品：提神用的泡泡糖，可以消除困倦；交际用的泡泡糖，可以清洁口腔，消除口臭；运动用的泡泡糖，可以增强体力；轻松休闲的泡泡糖，可以改变抑郁情绪。在泡泡糖形状发明上，推出了卡片、圆球、动物等各种形状。为了方便食用，采用一种新包装，只需一只手就可以打开使用。在价格上，为了避免找零钱的麻烦，一律定价为50和100元两种。这样通过一系列措施，加上强大的广告宣传，1991年江崎糖业公司在泡泡糖市场上的占有率，一下子由原来的0上升到25%，创造了销售额达150亿日元的高记录。

江崎糖业公司的创办人江崎谈他的创业成功秘诀时这样说："即使是已经成熟的市场，也并非无缝可钻。市场是在不断变化，机会总能够找到。"

做别人都做过的生意这不算什么，敢于开辟新的天地才是富人们的特点。很多时候，我们以为市场已经饱和，似乎没有了立锥之地，赚钱更不知从何做起。其实，只要我们仔细观察，就会发现身边随时都有生意可做，只是很多人担心没有"前人"的经验，害怕失败，从而失去了很多发财的机会。那么从现在开始，不要再犹豫，很多时候那些无人问津的生意正是无数财富的源头。

8. 富人的冒险不是单纯的碰运气

> > > > > > > >

一个穷人想要变成富人，除了自身的不懈努力之外，有时候运气也是成功的助推器。有些人始终相信运气一说，所以在冒险挣钱的时候总是义无反顾。但是聪明的富人都明白，虽然运气很重要，但是冒险绝对不是毫无准备、全凭运气的瞎干蛮干。一个人想要致富，但是如果不努力，只是相信运气，等着财富自己上门，那么永远也赚不到钱，因为财富往往都只青睐那些努力的人们。能够做出一番事业、大富大贵的人，往往不是幸运之神的宠儿，而是那些努力的"苦孩子"。

其实，生活中，有很多人几乎与财富面对面了，他们却不敢去冒险尝试，而是一心等待运气和财富的降临，最后却与财富失之交臂。运气可以帮助人们获得财富，但是不可能把财富送到你的面前，自身的努力才是最重要的，运气只能是一个辅助。所以，想要变为富人，就不要将财富完全寄托在运气之上，只要你敢于冒险尝试，做出努力，运气和财富都会偏向于你。

理查德是一家大公司的老板。在他31岁那年，发明了一种新型节能灯，但要进一步测试还需要一大笔资金，他好不容易说服了一个私人银行家，答应给他投资。将要签约的时候，理查德突然得了胆囊症，住进了医院，大夫说必须做手术，不然有危险。其他灯厂的老板得知这个消息后，就在报纸上大造舆论，说他得的是绝症、骗取银行的钱来治病。

这样一来，那位银行家也半信半疑，准备放弃投资了。当时理查德躺在病床上万分焦急，没有办法，只能铤而走险，先不做手术，仍如期与那位银行家见面。见面前，理查德让大夫给他打了镇痛药。在他的办公室，理查德忍住疼痛，和银行家握手，谈笑风生。但时间一长，药劲过去了，他的肚子跟刀割一样疼，后背的衬衣都让汗水湿透了。可他咬紧牙关，继续和银行家周旋，他心里只剩下一个念头：再努力一下，成功与失败就在于能不能挺住这一会儿。疼痛在他强大的意志力下低头了，最后他们终于签了约。

理查德听完，挺着胸膛说："老板，您刚才讲得太动人了，我想我需要再努力一下。我回去重新设计，不成功，誓不罢休！"正是如此，在实验进行到第 18 次的时候，他终于取得了成功。

财富对每一个人都是公平的，能否得到就在于是否能更加努力。理查德敢于冒险，并不是相信运气，而是他做足了努力，再加上他顽强的意志力，还有什么理由不成功呢？敢闯敢干、付出了辛劳的人，只要有不断努力的毅力，有为目标而奋斗的精神，不管运气是好还是坏，都有获得巨大财富的可能；相反，即便幸运之神站在你的身边，而你自己不愿意付出一点努力，没有一点冒险的精神，那么财富也会离你而去。

杨明，一个憨厚的山东汉子，很难将他与精明的企业家联系起来。可就是这个建筑工程公司的老总，创造了一个又一个大赢的奇迹。

"如果我手中只有 100 块钱去买东西，面前有电视机也有羊肉串机，我肯定选择羊肉串机。电视机虽然可以让人享受，但羊肉串机才可以帮我们赚到更多的电视机。"这就是杨明的"羊肉串"理论。

在公司资金极度短缺的情况下，杨明毅然拍板买回各种型号的塔吊 29 台。这种大气魄的投入，全国同行业中也是少有，而结果也正如他所预料的，29 台塔吊全部运转，给公司带来了巨大的经济效益，年产值突破了 1 亿元，利润达到近 3000 万元，让人惊叹不已。

"双手抨击当然比一只手出击更有力，如果能打出一组漂亮的组合拳，那威力必将更大。"由于市场的不断变化，杨明并没有死守阵营。在成功地盘活了一家建筑公司后，又打出了有效的一拳，并且打出了漂亮的组合拳，一口气组建了石膏板线厂、大理石制品厂等8家边缘实体公司，以质优价廉抢占市场，一举成为当地规模最大、品种最全的大企业。

真正会赚钱的商人从来都不会为自己运气的好坏而高兴和烦恼，在他们看来，运气虽然能够帮助自己快速获得成功，但是他们更多的是相信自己的努力与敢于冒险的意识。如果你认为单纯地靠运气去冒险就能赢得财富的话，即使你等到头发花白，也不可能让成功降临到你身边。只有那些肯努力的人，才能真正获得财富，并得到幸运之神的眷顾。

9. 富人有胆识做"无本"生意
> > > > > > > >

1973年，江西余江镇办农具修造社负债累累，年仅21岁的张果喜振臂一呼"要吃饭的跟我来"，带领21个兄弟白手起家，用卖私房换来的1400元钱创办了余江工艺雕刻厂，生产木雕工艺品。张果喜的这一声虎吼，绝不亚于陈胜、吴广的"王侯将相宁有种乎"。他之所以能够成为新中国的第一个亿万富翁，与其放手一搏的胆识是密不可分的。

很多富人在最初创业的时候都是一无所有，没有门路，没有资金，有的甚至没有什么文化，说是白手起家毫不为过。但是看看现在的他们，全都成了人们羡慕不已的有钱人。富人们都知道，经商赚钱好比是一种赌博。而事实上，所有的人生决策，实际上都是"赌博"。人生能有几次搏，只有敢于拼搏的人，才会拥有灿烂美好的明天。

汇源果汁的创始人朱新礼在没有发迹之前，是山东省沂源县的一名国家干部，官至县外经委主任。但是在1992年，他却突然辞职下海，冒天下之大不韪，毅然买下当地一家亏损超过千万元的罐头厂。作为一个刚刚辞职不久的前国家干部，朱新礼根本不可能有那么多钱来购买这家工厂。但是他答应用项目来救活罐头工厂，养活原厂数百号工人，外加承担原厂

450 万元债务等条件。空手套白狼，他硬是成功地将罐头厂搞到了自己手中。

尽管如此，但是自己没有钱，厂子里有的也只是债务，想要迅速扭亏为盈还是比较困难的。于是，他想到了补偿贸易的方法。所谓补偿贸易，是国际贸易的一种常用做法。在那个时代，这一做法在国内却鲜为人知，而且在相关法律方面也属于灰色地带。

朱新礼大胆地通过引进外国的设备，以产品做抵押，在一定期限内将产品返销外方，以部分或全部收入分期或一次抵还合作项目的款项，一口气签下 800 多万美元的单子。当时答应对方分 5 年返销产品，部分付款还清设备款。1993 年初，在德国派来的 20 多个专家、工程技术人员的指导下，朱新礼的工厂开始生产产品，步入正轨。此后他的事业便一帆风顺，汇源果汁也一步步走向成功。

要想成功必然要冒极大的风险，有的人孤注一掷把自己的身家性命押上作为筹码，而有的人则像朱新礼一样，做起了看似无本万利的买卖。当然他的做法也是要冒着一定的风险的，至少他要承担起把企业扭亏为盈，养活数百名工人，并且把债务偿还上的责任。

生活中，像朱新礼这样的人不计其数，但是他们却没有孤注一掷的魄力，所以，他们始终不能改变自己的生活状况。要知道，做生意都要承担一定的风险，冒险与收获是结伴而行的，要想有丰硕成果，就得敢于冒险。

从两手空空到资产亿万，霍英东的独到眼光和经营艺术，在香港富豪中，除了可以与李嘉诚作比较之外，再也没有人能够超过他。

20 世纪 50 年代朝鲜停战以后，霍英东慧眼独具，看出了香港人多地少的特点，认准了房地产有着非常好的前景，于是拿出了多年来积蓄的所有资金，投资到了房地产市场。这无疑是比较大胆和冒险的行为，如果失败，他可能会血本无归，倾家荡产，但幸运的是，他赌对了。从 1954 年开始，霍英东着手成立了立信建筑置业公司，每天忙着拆旧楼、建新楼，又买又卖，大展宏图。用他自己的话说，"从此翻开了人生崭新的、决定性的一页！"

霍英东通过反复思考后想到了一个妙招，即预先把将要建筑的楼宇分层出售，再用收上来的资金建筑楼宇，来了一个先售后建。这一先一后的颠倒，使他得以用少量资金办了大事情。原来只能兴建一幢楼房的资金，他可以用来建筑几幢新楼，甚至更多；同时，他又能有较雄厚的资金购置好地皮，采购先进的建筑机械，从而提高建房质量和速度，降低建造成本。更具竞争力的是，他的楼宇位置比同行的更优越、价格却比同行的更低廉。而且，有时他还采用分期付款的预售方式，使人人都能买得起。

这种方法在当时看来甚至有点石破天惊，但是不得不说霍英东的做法的确高明，他开创了大楼预售的先河，成就了房地产全新的经营模式。这个既不是建筑工程师出身、也没有怎么接触过房地产的"新人"，在那么短的时间内，就成了人尽皆知资产过亿的大富翁。

大多数白手起家的富人都有一个共同之处——他们都具有过人的胆量。"明知山有虎，偏向虎山行"是很多富人的真实写照，因为他们始终明白舍不得孩子套不着狼的道理。所以，不管前面等着他们的是成功还是失败，他们都要全力以赴，绝不退缩。而且大量的事实证明，他们这种敢闯敢拼的勇气背后，蕴藏的都是巨大的财富。所以，不要再说自己没有资金、没有经验之类的话，只要你具备了富人那样的思维方式，勇敢向前，迟早有一天你会实现自己的梦想。

偷

——富人不说却默默在做的99件事

学

第八章
chapter8

富人常变通，思路决定出路

1. 最先改变自己的人最聪明，
富人从不一条道走到黑

> > > > > > > > >

有一位大学教师，看见几个熟人炒股发了财，也拿出五万元去炒股。可这时股市已从牛市转为熊市，而且最近几年似乎极少景气。但是他不信邪，始终认为自己会发大财，于是接着往里投钱，结果赔光所有的积蓄。有些人就是如此，从来不知变通，只要认准了一条路，就一定要坚持到底，并且认为坚持就会成功。但是事实证明，这样不会转弯、不懂改变的思维模式最终换来的都是失败。

华达国际控股集团董事局主席李晓华说："在一个人类生存的环境里，一个最先改变自己的人最聪明，后来改变自己的人还可以，而一个从来不改变自己的人是最糟糕的。"富人常常会因为环境等各种因素适时地改变自己的战略，不管是改变方法，还是改变生意形式，他们绝不会允许自己在一成不变的模式中赚取利润。因为他们明白，消费者的口味是会变的，同样的东西看久了、用久了总会腻。所以，作为商人，只有不断改变自己，改变自己所经营的产品，才能始终受到消费者的青睐。

李晓华到广州商品交易会陈列馆时，发现了一台美国进口的冷饮机，觉得这种生产冷饮的机器非常好，通过与经理的交涉，终于买了下来。夏天的时候，他把这台机器运到了北戴河的海滨，5 角钱的饮料一杯接一杯，那种清凉直沁心脾，成了北戴河海滩浴场一大景观，也让李晓华尝到了成功的滋味，一下子他净赚了十几万。但是秋天很快就来到了，于是他决定改弦更张，另辟蹊径。

他来到了北京，满怀喜悦地漫步在北京的街头，大街小巷处处洋溢着现代生活的勃勃生机。敏锐的李晓华又一次感悟到，物质生活的改善必然唤醒人们对精神生活的追求。于是，他利用"第一桶金"购买了大屏幕投影机，在秦皇岛做起了放录像的生意。

1984 年，他又开始考虑转行。虽然干录像厅还算赚钱，但毕竟不是正当职业，所以改行是必须的。就在这时，有人建议他出国到日本去学习管理经验。李晓华在当时已经算是成功人士了，至少绝对是一个富人了，根本没有必要再去学什么习，只要去赚钱就好了。但李晓华不是满足于成为百万富翁的人，而是想要取得更大的成功。一直大胆地改变，也许是一些成功人士最大的特点，也是他们成功的秘诀。

1985 年底，34 岁的李晓华告别家人东渡日本，一边在中华料理店刷盘子，一边在东京国际学院学习。后来他又到日本商社打工，留心学习日本的经营之道。一天，他无意中发现老板桌上的报纸上有条不起眼的新闻："中国生产的'101'毛发再生精在日本价格一路上扬。"凭着敏锐的直觉，李晓华感觉到机会来临。他又立刻决定不学习管理了，要抓住这个好的机会再发一次大财，所以立即返回国内。经过谈判，李晓华便与"101"结成了生意伙伴，并成为"101"毛发再生精在日本的经销代理商。李晓华回到日本后，对市场进行了精心策划，"101"很快就成了日本红极一时的商品。一年以后，李晓华在日本成立了自己的公司。这不仅给李晓华带来丰厚的收益，而且也成了他事业的重大转折点。

有一本叫做《谁动了我的奶酪》（Whomovemycheese?）的畅销书，一度震撼了大多数穷人的心灵。故事主要是说两只老鼠和两个小矮人在迷宫中寻找奶酪的故事。但从中，有些人似乎可以受到一些启发：只有不断适应时代的需求和变化，不断地挖掘自己的智能，动用自身的智慧，才能寻求自己想得到的奶酪。这也是大多数成功者的经验之谈，一个人要想成功，就必须不停地转换自己的思维模式，改变现有的状态，才能走上成功的道路。

很多成功者不断地转换行业，不断地改变观念，也就不断地取得成功。现实生活中，我们也不难发现，很多当初在同一起跑线上的人，在前进的道路上却有着不一样的经历。有的人获得了成功，有的人还在原地踏步，甚至倒退了。之所以会出现这样的差距，就是因为那些成功的人在不断地改变自己，失败者却始终如一，那样的结果只能是裹足不前。所以，只有懂得改变自己的聪明人才能成就自己，获得财富。

2. 富人认为，创业资金并不是越多越好
> > > > > > > >

很多人都认为要想创业致富，手里必须有足够的创业资金，否则一切免谈。很多人虽然极力想发财致富，却始终认为自己资金太少，不够创业的资格，久而久之，连这份心思也消失了。其实这样的想法是错误的，富人都认为，创业资金并不是越多越好。因为有些人在创业的时候仗着自己手中资金充足，于是毫无计划就开始了自己的创业之举，却常常在最后因为资金周转不灵，或者经营不善，导致创业失败。

相反的，越是创业资金不足的人，越是会精打细算，实现做好周密的计划和方案，反而会赚大钱。也许刚开始的时候，没有投入过多的钱盈利也会很少，但是你要相信日积月累终成山，只要你有耐心，始终不放弃，稳扎稳打走好每一步，你照样可以以小本生意发家致富。

张连是一所大学传媒学院的院长，同时还是某商会的会长，还身兼某五星宾馆的大股东，而这一切都是他辛苦奋斗换来的。

他从小家境并不富裕，但是还过得去。在他上初中那年，父亲因病去世，母亲身体不好，养家的重担一下子落到了他的身上。他不仅要帮助母亲干农活，还要照顾年幼的弟弟和妹妹。母亲借债让他上完了初中和高中，成绩一直很出众的他争气地考上了大学，可是那时的母亲再也无力供他上学，亲戚们也都不愿再借钱给他。母亲看着他倔强而渴求的眼神，狠心对他说道："这是最后的五十块钱，你自己去想办法凑钱或挣钱，有能力你就去上学，没能力就只好认命了。

他没有认命，拿着五十块钱跑到了大学门口，看到人来人往的学生们

在选购日用品。他突然有了一个想法，带着五十块钱到集贸市场进了十条男士内裤，然后迅速返回学校。因为没有店面，也没有货架，他就捧着十条内裤叫卖了起来。路过的学生们都讥笑他，给他白眼，直到天黑也没有卖出去一条。

第二天，他直接到男生宿舍推销，没想到一下子销售一空，第一次他挣了20块钱。接着他又进了一批，到附近的学校去销售。一个月下来，他就挣了800多块钱，这在当时来说算是一笔较大的数字。

终于有了足够的学费，但是这无意的一次创业让他有了更大的志向。每个学期开学的时候，他都会去卖学生们的日常用品：杯子、脸盆、棉被……就是这一笔笔小生意积累起来的财富，让他在大三那年与两个好朋友合资开了一家宾馆。毕业的时候，他不仅还清了上学时欠下的债务，还为母亲买了一栋高级别墅，弟弟妹妹也都被他送到了国外学习。

张连的成功并不是偶然，也不要认为是他运气好，能拥有现在的成就就是他敢于从小做起，并且谨小慎微走好每一步的成果。"小本生意照样赚大钱"，这是很多富人们的亲身体会。他们都知道，钱不是最重要的，重要的是有聪慧的头脑和肯干的精神，只要有一点本钱，照样能够将它滚成大雪球。所以，不要再叫苦叫穷，认为自己的本金不够，就永远发不了大财。

我们都知道，浙江商人做生意都是从小做起的。他们不管有没有资金，都始终相信，只要善于积累，就能积沙成塔，加入富人的行列。我们应该学习浙江人的这种精神，敢于从"小"做起，这样不仅能减少风险，资金还能灵活周转，何必非要等到手头有了足够的资金再去创业呢！

3. 在富人眼里，惟一不变的就是变化
> > > > > > > >

现代社会，发展飞速，日新月异的变化让人应接不暇。这对于生意人来说，必须紧跟时代的步伐，在变化中寻求生存的机会，如果不能适应商

战中的变化，最终都会被淘汰。就像阿里巴巴的当家人马云曾说的那样："唯一不变的是我们的变化。我们在不断的变化中求生存，不断的变化中求发展。如果发现公司没有变化，公司一定有压力。所以说我希望告诉每一个人，看看你自己成长，成长带来变化……如果你觉得昨天赢的东西你今天还要希望这样赢，很难了。一定要创新，变化中才能出创新，所以我们要在变化中求生存。"

变化是市场中永恒的主题，我们所处的世界唯一不变的就是变化，环境、企业、市场、消费者都是如此。俗话说：战术是死的，人是活的。很多失败者都是因为固执于刻舟求剑，所以得到了一败涂地的下场；而那些最终走向辉煌和成功的人，大多具有灵活应变的卓越能力。

光明乳业股份有限公司前董事长兼总经理王佳芬谈到光明乳业的发展时说："其实我觉得，不管是国企，还是一个外资企业，还是今天世界500强的任何一家公司，永远都会面临进步和往昔历史之间的纠缠。一个好的公司，它之所以会有100年的历史，关键就在于它能够不断地改变现状。我有一个很基本的想法，其实每个人，他都愿意跟着潮流走，他都想跟着历史发展的潮流走，不想成为历史的淘汰者。管理者需要去不断地创新，不断地让它与时俱进。我们的变化与改革进行了四五年，我们管那段时间的改革叫'壮士断腕'，我们也说那种改革叫'凤凰涅槃'。"

事实告诉我们，面对一个瞬息万变的产业，不能应变者、不善应变者只有死路一条。在这个超速动态的社会里，任何以静制动的战术都将过时，只有以动制动才能更能摆平问题。当对手不变时，我们要开始变；当对手慢变时，我们要快变；当对手快变时，我们要彻底的变。只有适应这种快速的变化，你才能在社会上站稳一席之地。

就好比我们用的电子产品，在竞争如此激烈的市场上，商家只有不断适应消费者的变化需求，并满足人们的这种需求，才能得到更多的客户。如果总是停滞不前，没有任何变化的话，消费者自然会选择其他的产品来代替。所以富人都能适应这种变化，墨守成规的人却只能紧随其后，甚至无法适应。

马云领导的阿里巴巴就是在不断的变化中求得生存的。创业那么多年，在其内部频繁的变化着实让人惊讶不已。人员的变化、机构的变化、工作的变化、职务的变化几乎每个月都在发生。他们总是能正视变化，不怕变化，顺应变化，主动变化。阿里巴巴的创业元老和老员工骨干，几乎人人都经历过不止一次的变动。在这里，变化早已成为常态。

销售大战时，许多地区销售主管惨淡经营打开的局面和建立的客户关系，都会随着一纸调令烟消云散。到了新地区，一切都得从头开始。高管在变动，封疆大吏的变动同样频繁，但如此之大的人事变化，并没有在阿里巴巴引起震动。是网络大势逼着它不断变化的，阿里巴巴人已经习惯了变化。所以，阿里巴巴才能在这个风云变幻的互联网产业如鱼得水、游刃有余，才能变中得势、乱中取胜。

阿里巴巴在其发展的历程中，遭遇过几次大的危机。可是每次马云都能带领自己的团队，当机立断迅速化解危机，从来就没有放弃过。无论在世界还是在中国，网站存活的概率只有1%，阿里巴巴有幸成为这1%，正是得益于马云堪称高超的应变之术，而这恰恰最好地说明了变化的重要性。从某种意义上说，正是马云拥抱变化、大胆试错、直面错误、利用危机的应变之道，才使阿里巴巴活了下来并最终发展壮大。

成功的企业都是因为敢于变化、勇于变化、积极变化才适应了市场，适应了局势的发展和需要，从黑暗中走出了一条通往光明的大道。一个人如果要在日新月异的社会中抱残守缺，结果就是失败。要想成功，就要不断创新，不断地带来新的东西，让人们感受到变化的成果。这样才能让自己的事业如日中天，无限辉煌。

有时候转变是一个非常困难的事情，尤其是在一个庞大的企业里，它可能牵扯到许许多多琐碎的事情，在改变的过程中需要有超凡的勇气、敬业的精神、坚忍不拔的毅力和冷静思考的头脑，而这也正是富人们能够成功的原因。所以，不管遇到什么样的困难，你都要一如既往地坚持下去。当你成功之后再回头看的时候，你会发现，周围的许多东西都被你刻意或者不经意地改变了。

4. 人无我有，人有我新——富人确保自己与众不同

> > > > > > > > > >

我们都知道，以前的冰箱门采用的是插销扣紧的方式，其内侧都是平板式的，没有被利用起来。三洋公司创始人之一的井植薰，率领技术人员对冰箱做了一些小小的改进：在门的四边贴上磁吸橡胶条，使得门的密封性能更好，开启更方便；在门内侧装上分格物架，可放鸡蛋、饮料等物品，使冰箱的空间得到更好的利用。结果，这款冰箱上市后，一举成为市场的领头羊，致使老式冰箱无人问津。

在老式冰箱盛行一时的时候，三洋公司抢在所有商家前面将冰箱改革一新，特别对消费者的胃口，所以新式冰箱迅速销往各地。等到其他的商家觉醒的时候，三洋已经深得人心。做生意就是这样，与同类产品竞争时，必须保持自己的产品有别于同类产品的优势，有独特的吸引消费者的个性，这样才能出奇制胜，成为同类竞争者里的龙头老大。

我国最早出现果冻生产厂家是在 1985 年，而广东喜之郎集团有限公司直到 1993 年才开始进入整个果冻生产行业。最初，它在市场上已经小有名气了，但是仍然是地方性的小品牌，市场份额有限，也无法开拓更多的市场。公司想要扩大规模，就必须从自身产品下手，打造别人所没有的新产品，这样才能吸引消费者的目光。于是，喜之郎公司首先对一些果冻爱好者进行了调查，决定开发出一种符合年轻人的新包装。公司委托一家广告公司对自己的产品进行重新定位和包装，力求创新，打造自己的新品牌。

1998 年，喜之郎的新型产品"水晶之恋"系列正式上市，并迅速得到了市场的认可，受到所有的果冻爱好者的追捧。在消费定位上，该系列产品缩小目标市场，聚焦于年轻情侣。但果冻与"水晶之恋"原本是两个意

义完全不同的符号，为了建立消费者的认知，广告公司为其创造性地设计了"爱的造型"与"爱的语言"，将果冻的造型由传统的小碗样式改造为心形，封盖上两个漫画人物相拥而望，更为这种心形果冻平添了几分魅力，迅速得到了市场的认可。"水晶之恋"的推出，使喜之郎公司在短短的一年时间内，从一个地方性品牌一下子跃升为国内果冻行业第二大品牌。

南存辉曾说过："敢于创新，这对一个企业来说就是灵魂。你除了敢于创新、善于创新之外，重要的是你能不能把成功的东西打破。我们认为经验有可能成为负担，企业大了有可能成为一种新危险。过去国有企业手脚都被捆着，你可以放开手脚，甩开膀子干；现在它们也松了绑，而中国加入WTO后，'狼'又进来了，你还靠过去那些老做法、老方式、老经验，显然已经是行不通了。所以必须创新——敢于打倒自己，否定过去，这样的企业才能有发展。"

一个人，要想以后有一番作为，必须要保住自己的个性。只有让自己与众不同，你才能吸引众人的眼球，勾起消费者的购买兴趣。就像一个特立独行的人走在大街上，回头率绝对百分之百。

1867年，在瑞士日内瓦湖畔，有一位先生收留了一个早弃婴儿。但是这个婴儿既不能接受母乳，又不能食用其它任何替代品，这位先生用自己发明的牛奶麦片救活了这个孩子。他就是后来享誉全球的食品业巨头，雀巢公司的创始人——亨利·雀巢。他发明的牛奶麦片为当时死亡率很高的欧洲婴儿带来了福音，后来传到了世界各地。自此，"雀巢"也就成了一个传遍世界的知名品牌。

从19世纪到21世纪，雀巢经历了两个世纪的风雨，拥有了140多年的历史。究竟是什么使得一个企业能够拥有如此长的历史？又是什么使得一个品牌长盛不衰、永葆青春？走进雀巢，人们便得到了答案，其核心力量就是改良、创新，这才是"雀巢"品牌屹立不倒的原动力和秘密所在。

持续的改良和创新，是"雀巢"不断发展的生命源泉。不断创造新的产品和工艺是"雀巢"对创新的理解，不断改善产品和技术是"雀巢"对改良的诠释。对于"雀巢"集团来说，改良与创新是最重要的，不管开发什么产品，它都力求创新，坚决不能与以前的产品重复。"雀巢"正是靠着这两股强大的力量，才使得其品牌越来越具有价值。

崔普·霍金斯说过一句话："在这个缺乏个性的时代，一定要确保你的与众不同"。雀巢正是在源源不断的创新中，保证了自己的与众不同，才能成为同类产品中的常青树。一个人无论是做事情或做生意都要勇敢，要有自己的个性，正所谓有什么样的市场需求，就有什么样的消费群体。如果你永远随大流走，恐怕连现状都很难维持。

5. 富人敢于打破传统观念

> > > > > > > >

某厂生产的某种烟灰缸曾名噪一时，它做工精美、质地优良、畅销国内外。随着时间的流逝，这种烟灰缸虽然精致美观、清洗方便，但由于国外公寓已普遍装用壁挂电扇，而他们的烟灰缸仍那么坦浅，电扇一开，烟灰便随风起舞，家庭主妇怨声不绝。为此，生产单位马上试制成一种口小、肚大、底深的烟灰缸。在国外试销后，客户又都爱不释手。出乎意料的是，没几年工夫，这种产品的销量又逐渐下降。外贸部门再次做了调查，发现国外住宅中普遍装配的空调器代替了壁挂电扇，许多家庭主妇又嫌烟灰缸口小，不便于清洗，不如原来那种样式好。于是，生产单位又对产品进行了改革，重新占领了市场。

日本的"经营之神"松下幸之助说过："今后的世界，并不是以武力统治，而是以创新支配。"惟有创新才能脱颖而出，才能发展自己，在竞争中脱颖而出。事实证明，许多富人的成功，就在于他们从不因循守旧，敢于打破传统观念。在竞争异常激烈的现代社会，如果缺乏这种审时度势、随机应变的能力，甚至养成因循守旧、故步自封的坏习惯，那么，很快就会因为赶不上时代而被淘汰，这是大多数人为何没有成功的重要原因。

美国南北战争时期，伊莱·惠特曼与北方政府签订了两年内提供1万支来复枪的合同。当时造枪工艺十分落后，每个工人先是手工制作全部零件，再装配成枪支。由于效率极低，第一年仅生产出500支枪。为此，伊莱·惠特曼急得像热锅上的蚂蚁一样，天天彻夜难眠。

有一天，他猛然想到：既然每支枪上的零件都是一样的，为何非得一个人造一支枪，而不是制造出一个个零件，然后再由专业人士组装成一支枪呢？他立即将自己的想法付诸实施，将兵工厂改为流水作业批量生产，即把整个造枪工作简化为若干工序，让每一组成员只负责一道工序。结果，效率和质量大幅度提高，生产成本急剧下降，伊莱·惠特曼不仅如期完成合同，而且因首创标准化互换原则，促进了美国工业乃至世界工业的迅速发展，被誉为"标准件之父"。

浙江大虎打火机公司总经理曾说过这样一段话："'拿来主义'是我们的传统，但是它的精髓不仅仅在于单纯的模仿，而在于改良创新。只注重拿来而不予以消化创新，如同藏书而不翻阅一样，引进的知识像一堆钢铁似的原料。消化技术方能利用技术进行再创新，这一点是极为重要的。模仿不可耻，关键时要赋予你所模仿的东西以新的内涵，赋予它崭新的生命力。"商人只有打破传统，注重创新，做生意才会有更多的出路。

在日本，某味精公司的社长对全体工作人员下达了"成倍地增长味精销售量，不拘什么意见都可提，每人必须提一个以上建议"的命令。

一时之间，大家纷纷提出销售奖励政策、引人注目的广告、改变瓶装的形状等等方案。

然而，其中一个女工却苦于提不出任何建议来。她本想以"无论如何也想不出"为由而拒绝参加，但考虑到这是社长的命令，并且言明不拘什么建议都可以，所以她觉得拿不出建议有些说不过去。

就在吃晚饭时，她想往菜上撒调味粉，由于调味粉受潮而撒不出来。她的儿子不自觉地将筷子捅进瓶口的窟窿里，用力往上搅，于是调味粉立时撒了下来。

在一旁看着的女工眼睛一亮，突然发现这也不失为一个好提案，于是她就把味精瓶口扩大一倍的提案交了上去。

审核的结果出人意料。女工提出的建议竟进入 15 件得奖提案之中，领得奖金 3 万日元。而且此提案付诸实施后，销售额倍增。为此，女工又破例从社长那里领取了特别奖。

创造心理学家阿曼倍尔雷指出，"丰富的知识并不危害创造力，但过多的规则却是创造的障碍"。很多商人在经营产品时，总是墨守成规，不能提出新的创意来吸引人的眼球，就是因为没有创新意识。他们总觉得既定的传统规则才是获得财富的最佳方法，却不成想，世界是在改变的，如果你的思维模式不跟着改变，那么就只能离往财富越来越远。

专门从事运动心理学研究的美国斯坦福大学教授罗伯特·克利杰在他的著作《改变游戏规则》中指出："在运动场上，很多运动选手创造的佳绩，都是因为打破了传统的比赛方法。"经商同样如此。如果你想要变成有钱人，就要学习富人敢于打破传统观念的精神。如果总是因循守旧，是无论如何也不可能成功的。

6. 富人有爱琢磨的猎奇心

> > > > > > > >

狼总是对自己周围的世界充满了好奇，它们竖起灵敏的耳朵，倾听自然界的每一种声音，炯炯有神的眼睛总透着跃跃欲试的锋芒。正是这种对世界的好奇心，总是为它们带来了无穷的机遇和挑战，让它们对自然界的秘密充满向往，不自觉地去探索。人类与狼具有共性，那些成功者正是因为像狼一样对世界充满了好奇，才给自己创造了更多的机遇和成就。

约翰·曼森·布朗曾说过："感谢上帝没有让我的好奇心硬化，好奇心让我渴望知道大大小小的事情。这样的好奇心有如钟表的发条，发电机、喷射机的推进器，它给了我全新的生命。"所以，好奇心是开启成功的钥匙，也是人类生活进步的原动力。成功者就是有了这样的一种魄力，才能放开胆子，促使自己不断冒险，成功致富。

乔治·西屋是美国西屋电器公司的创办人，他的事业成功就在于他具有极强的好奇心，有一种"不到黄河心不死"的精神。

一天，乔治·西屋乘火车出差，没想到火车误点5个多小时。旅客个个怨气十足，纷纷向站务员询问误点原因。后来才知道火车在中途与另一列车相撞，致使交通中断。

因此，很多旅客决定改乘汽车，唯有乔治·西屋，好奇地跑去问站长，为什么会产生火车相撞事件？得到的答案是火车刹车失效。但乔治·西屋还不满足，又继续追问：刹车为什么会失灵的呢？几经周折，他终于搞清楚了当时火车的刹车方法：在每节车厢都设有单独的刹车器，当火车要停下来时，每节车厢的刹车工需同时拉刹车器，才能使火车慢慢停下来。可是刹车工的反应有快有慢，根本不可能把每节车厢同时刹住，因而车厢与车厢间经常发生撞击，严重的则常因刹车器失灵而发生两列火车相撞事件。

此事引起他的思考：如果能够改良火车的刹车系统，火车相撞的事件必将大大减少，自己也可获得一个致富的机会。

经过反复的研究，再加上与专家和火车工作人员探讨，乔治·西屋终于研究出解决上述难题的办法，即在火车司机驾驶室设置统一的刹车器。这一改进效果果然很好，很快全美国火车都采用了这一系统。

不久，乔治·西屋又利用压缩的空气为动力，发明了性能更优越的空气刹车器，只要拉开气门枢纽，就能很轻易地就把火车刹住。这一空气刹车器成为19世纪最伟大的发明之一，亦是乔治·西屋一生最得意的发明。这一发明，为西屋本人带来了巨大的经济收入。

水开了锅盖便会被顶起，这也许是千百年来每天都发生的事情，但英国人纽科曼却感到好奇——蒸汽怎么会有力冲动锅盖呢？结果发明了蒸汽机，从而引发一场工业革命。一个苹果从树上掉下来，这是很普通的自然现象，但牛顿却感到好奇——苹果为什么会往地上掉呢？许多自以为聪明的人闻之不以为然，认为这个问题太过幼稚，但牛顿偏要寻根问底，结果发现了万有引力。

大动物行为学家古多尔曾经说过："闷热的鸡窝常常和我们儿童时代的回忆交织在一起。小时候，我曾钻进鸡窝一直呆了五个钟头，为的是要看看母鸡究竟是怎么下蛋的。"科学家搞发明需要强烈的好奇心，发财致富也需要人们的猎奇心理。一个人如果对什么事情都无动于衷，熟视无睹，他便难以敏锐地捕捉发财的信息与致富的机遇。富人们正是因为有了强烈的好奇心和求知欲，才让自己产生了怀疑和冒险的精神。所以，他们总是在自己的好奇心中不断吸收各种各样的知识，增加自己的兴趣，活跃自己的思维，最终在自己的好奇心中获得了宝贵的财富。

好奇心激发人类去发现、发明、创造，而事业上成功的人无一不是好奇心理极强的人。我们生活的世界本来就是光怪陆离的，很多真相往往都藏在最隐秘的地方，如果你没有强烈的好奇心就很难搞清楚事实的真相。千万不要对身边细小的事物习以为常，也不要对身边新奇的事物熟视无睹，我们要永远带着好奇的眼光去看待人和事，这是所有富人都信奉的法则。如果你能在生活中处处充满好奇，一定会发现不少的商机和好点子，从中找到发财的机会和致富的门路。

7. 富人把失败看作是财富

> > > > > > > >

在我国民营企业无法获得汽车生产许可证的时候，李书福发出了"请给我们一次失败的机会吧"的呐喊，这在很多人身上是永远不可能出现的事情。因为他们害怕失败，承受不了失败，甚至认为失败是自己成功路上的绊脚石。而富人却会好好利用每一次失败，去吸取更多的教训，总结出更多更好的经验。因为他们知道，只有经历过失败和挫折，经历过风雨的洗礼，他们才能成长，才能在逆境中如入无人之境。

1989年，史玉柱研究生毕业后，借了4000元下海创业，研究开发了M-6401排版软件，4个月就赚了100万元。随后又推出M-6402软件，销量居全国同类产品之首。

1991年，创立巨人公司，推出了M-6403，赚取利润3500万元。

1993年，推出M-6405、中文手写电脑、中文笔记本电脑等多种产品，其中仅中文手写电脑和软件当年销售额即达到3.6亿元。巨人成为了中国第二大民营高科技企业。

1994年，史玉柱当选"中国十大改革风云人物"。

1995年，推出脑黄金等12种保健品，投放广告1亿元。史玉柱排在了《福布斯》富人榜上大陆富豪的第8位。

1997年，因一连串盲目扩张的决策失误和兴建巨人大厦造成资金链断裂，而导致巨人集团轰然倒塌，欠下2.5亿元的债务，史玉柱也沦落为"全国最穷的人"。

1998年，史玉柱二次创业，他带领一批巨人旧部开始做脑白金。在短短的两年时间内，就把脑白金打造成了中国知名品牌。

2000年，脑白金获得全国保健品单品销售冠军，创造了年销售10亿元的奇迹。

2001年，史玉柱还清了2.5亿元债务，并将"敢于承担个人责任"写进新巨人集团的经营理念，用行为宣示了"追求诚信才能东山再起"的游戏规则。同年，史玉柱当选为"CCTV中国经济年度人物"。

一个人对失败和挫折采取什么态度，决定这个人可以从生活中获得多大的成长与进步，决定这个人未来的辉煌与发展。每一个创业者都必定会经历非比寻常的失败，有的人坚持了下来，把失败当成了动力，最终取得了成功；有的人却在失败面前低下了头，还一个劲的抱怨。所以，前者成为了富人，后者永远都在与贫穷作斗争。

想要成功，就不要痛恨失败，就像史玉柱说的："当初的失败是一笔财富，可以说，没有那一段的失败不会有今天……我觉得失败了之后可能有两种人：一种人是精神上被打击得太狠了，一蹶不振；另外一种人是失败了，但是顽强的精神还在，只要精神还在，完全可以再爬起来。"

松下电器的总经理山下俊彦在1948~1954年间，曾经脱离松下公司到一个小灯泡厂工作，没干多长时间工厂就倒闭了。在第6年，曾经的顶头上司谷村希望他回到松下与菲利浦的联合企业。当时该公司正在开发电子设备产品，急需中层管理人才。

山下回去后，当过电子管理部长、零件厂厂长。他把菲利浦公司的经营管理方法学到手，其后又出任西部电气常务。过了4年，他担任冷冻机事业部长。这中间他吃过许多苦，后来回忆说："西部电器、冷冻机事业部时代的经验，对我来讲实在珍贵。当时，几次陷入困境，我只有硬着头皮埋头苦干，后来总算感到扬眉吐气了。那正是我三四十岁的阶段，我做了超越自己能力的工作。"

对于当时所受的困苦，山下认为是一种锻炼。他说："不要担心失败，这不算白交学费，困难并不是坏事，是对希望的挑战。"山下之所以能如此讲，与他三四十岁时所经历的曲折道路有关。山下在当空调机事业部长时，吃过一次大败仗。那一年，该部年产量从10万台增长到50万台。可是没想到遇上一个冷夏的气候，真是意外打击。对此惨状，山下非但没有叹气，反而亲自举办盛大宴会，激励职工重新大干。他说："要使每个人在松下工作感到有意义，就必须让每个人都有艰难感。如果仅仅工作不出差错，平平安安无所事事，那就毫无意义。艰难的工作容易失败，但让人感到充实。我认为即使工作失败了，也不算白交学费。因为失败可以激发人们再去奋斗。"

马云说："创业者多去看别人失败的经历，成功的原因千千万万，失败的原因就这么几个。去学习那些失败经验以后，不仅不会让你的胆子更小，而是让你的胆更壮。这十年以来，任何失败、成功，团队取得的这些经历是我最大的财富——这是我最要的东西。创业者要的是一种经历，人一辈子不会因为你做过什么而后悔，很多时候，到年纪大的时候，是因为你没做过什么而后悔！"

在创业的道路上，要想赚钱，要想致富，你必须付出百倍于常人的代价，必须承受百倍于常人的压力。而失败对于我们来说，也是一种特殊的考验。因为有过失败的人，往往更能总结出实战的经验来，这些经验也正是我们东山再起时真正需要的。所以，面对失败，不要气馁，也不要抱怨，而是应该把它当做人生中宝贵的财富。只要鼓励自己经受住了失败的种种磨难和考验，你就能在失败和挫折中开辟一条全新的成功之路。

偷

—富人不说却默默在做的99件事

学

第九章

chapter9

富人凭人脉"网"富，
善于经营别人

1. 富人"攀高枝"是为了获得更多的赚钱机会

>>>>>>>>

看看我们所熟知的富人，他们除了靠自己的聪明才智获得成功之外，更多的时候采用的是"攀高枝"找贵人的手段。贵人是一个人致富不可或缺的帮手，少了贵人扶助，成为富人所花的时间会更多；少了贵人相助，甚至不可能成为富人。要想成为有钱人，用点心机"攀高枝"是非常必要的，就像一位富人说的那样："我之所以能有今天的成就，单靠自己的力量是办不到的，而是得力于我广泛的人际关系，得力于我的好帮手。"他所说的好帮手，正是他"攀高枝"得来的贵人。

"找个贵人帮自己"，就是雅芳CEO钟彬娴的成功之道。在大家心中，这位被《时代》杂志评选出的全球最有影响力的25位商界领袖中的唯一的华人女性的成功，本身就是一个奇迹。

钟彬娴今天的成就，离不开自己的努力。大学毕业后，她一无背景、二无后台，不得已跑到鲁明岱百货公司做销售。但她的成功，也离不开贵人的帮助。在公司里，钟彬娴遇见了她职业生涯中的第一个贵人：鲁明岱历史上的第一个女性副总裁法斯。在她的提拔下，年仅27岁的钟彬娴进入了公司的最高管理层。

后来，钟彬娴和法斯一起跳槽进了玛格林公司。不久，钟彬娴就被上司提拔升职。在她觉得自己的发展空间有限的时候，又跳槽到了雅芳。这时他碰到另一位贵人，即雅芳CEO普雷斯。普雷斯非常欣赏钟彬娴的做事风格，于是破格提拔她。在钟彬娴的个人努力下，同时也在普雷斯的指导下，钟一步步接近了雅芳CEO的位置。终于，刚四十出头的钟彬娴跃升成为全球最有影响力的25位商界领袖之一。

一名田径运动员曾说过，当你跟其他人处于同一起跑线时，你要知道，若自己的起跑速度和奔跑速度与他人没有太大差别时，这就需要你提高自己的加速度了。贵人，就是助我们奔向成功的加速器。

很多人都喜欢单枪匹马闯天下，却鲜少有成功的。他们不善于与贵人打交道，也不喜欢出现在名流云集的社交场合，总是认为只要自己踏实努力，勤奋刻苦，终有一天会取得成功的。然而没有贵人帮扶是很难成功的，就算成功了，也会比富人花费的时间更长，花费的精力更多。与其这样，不如学习富人的聪明，善于借助贵人的力量达到自己成功的目的。

香港中信泰富集团的荣智健，1995年底个人所持股份市值为252亿港元，而他的私人资产，有人估计约50亿港元。荣智健是改革开放以后才在香港办企业的，之所以发展如此之快，有一点是肯定的，他曾得到过华资巨富李嘉诚与郭鹤年等人的鼎力相助。

荣智健毕业于天津大学电机系，从小过着富裕生活，青年时代饱受政治歧视和生活磨难。1978年来香港投靠亲戚，持有父亲给他的一些纺织股。1985年他卖掉自己的电子厂，身家已有4亿港元。1987年，中国国际信托投资有限公司重新注册为"中信集团有限公司"，荣智健接替米国钧任董事总经理职务。期间，他积极寻找借壳上市的目标，后来瞄上了泰富发展。该公司股权两度易手，冯氏家族占19%，李明治的澳洲辉煌国际占21%，曹光彪的永新企业占50%，控股权在曹光彪手中。由于曹此时被港龙航空弄得焦头烂额，遂有意将泰富作壳出售。荣智健凭自己一家的实力，恐怕很难啃下这块骨头。于是他找贵人相助，先后联络了香港商界巨子李嘉诚、移居香港的大马华人首富郭鹤年。这两位商界巨头，在关键时候鼎力相助，一口应承下来。

1990年1月，在这两位商界巨富的相助下，双方达成协议，中信宣布正式全面收购泰富，以每股12港元收购曹氏的50.7%股份，并以同样条件收购全体股东的股份。由于中信持股最多，泰富发展被易名为中信泰富，荣智健任董事长兼总经理。中信泰富在创业过程中，得到华资的鼎力相助，此后在它的发展中，又多次得到他们的帮助。

没有李嘉诚、郭鹤年等人帮他扫清障碍，荣智健不知道要在这条路上走多久。从这个意义上来说，中资贵人缩短了他发展的时间，使他得以在短时间内脱颖而出，成为事业有成的商界巨头。

富人们用自己的财富人生告诉我们这样一条道理：一个人的能力是有限的，无论是智力还是体力都有局限性，俗话说："就算浑身都是铁，又能打出几颗钉？"如果只凭自己的能力，能做的事很少；如果懂得借助贵人的力量，就可以无所不能。凭自己的能力赚钱固然是"真本事"，但是，能借他人的力量赚钱，却是一门高超的艺术。所以，想要成为富人的你还在单打独斗，应该及时转换策略，去寻找可以帮助你的贵人，这样你的成功才能更加迅速。

2. 富人坚持和气生财，决不在生意场上树敌
> > > > > > > >

20世纪90年代，一家乡镇企业的厂长在浙江的一个产品交易会上，看到本省的一家工厂生产的鼓风机和本厂设计、即将投产的新型鼓风机几乎如出一辙。他马上想到自己已经晚了一步，如果再推出同类产品已经没有了优势，而且还有模仿别人之嫌。于是他立刻打电话回厂，让厂子停止一切准备生产这种鼓风机的工作。后来，两家工厂实现了多方面的合作，那家工厂的厂长知道了这件事，感慨万分地说："你那时如果推出鼓风机，我们两家势必有一场竞争，也就不会有今天的合作了。"的确如此，如果当初这位厂子坚持推出自己的产品的话，不仅会产生激烈的竞争，还有可能因为产品类似而打上官司，更谈不上现在的合作了。

义乌新光控股集团董事长周晓光在总结自己的成功经验时说道："生意场上有对手，没有敌手，把你的竞争对手视为游戏的一方而非敌人，将会更有益。"商业竞争有时候真是拼得你死我活，那些没有智慧的人总是处处树敌，只要是跟自己竞争的人就被视为自己的敌手。于是毫不留情，得罪了很多人，自然在需要的时候也不会得到帮助。富人却是想方设法将敌人也变成了合作者，他们始终信奉和气生财，所以发财的也是他们。

在美国一个超级市场里，有个中国妇女的摊位生意特别好，引起其他摊贩的嫉妒，大家常有意无意地把垃圾扫到她的店门口。这个中国妇女却从不计较，把垃圾都清到自己的角落。旁边卖菜的墨西哥妇女观察她好几天，忍不住问到："大家都把垃圾扫到你这里来，为什么你不生气？"她笑着回答："在我们国家过年的时候，都会把垃圾往家里扫，垃圾越多就代表会赚很多钱。现在每天都有人送钱到我的摊位上，我怎么舍得拒绝？你看我生意不是越来越好吗？"从此以后，那些垃圾就不再出现了。

偷 学

——富人不说却默默在做的99件事

上海安信地板有限公司的董事长卢伟光说过:"我意识到,人在任何时候都需要别人来帮助。可能你今天很强,很能干,但人总会遇到自身能力无法克服、无法解决、必须借助外界的力量来帮助的情况。也许帮助你或者被你帮助的人平时不一定是你最认同的,但他是你最需要的。"所以,多一个朋友多一条财路,想发财的话就要多合作,少树敌。

当年,李嘉诚想要与华资财团再次联手合作,吞并垂暮的狮子置地。但是,当时许多财大气粗的华商大豪都跃跃欲试。据说刘銮雄曾登门拜访怡置大班西门·凯瑟克,提出要以每股16港元的价格,收购怡和所控25%的置地股权,遭到对方愤然拒绝。其后又有多位大老板纷纷前往拜访西门,他既不彻底断绝众猎手的念头,又高悬香饵,惹得众人欲罢难休,欲得不能。

据说,李嘉诚也曾拜访过西门·凯瑟克,表示愿意以每股17港元的价格收购25%置地股权,这比置地10港元的市价要高6元多。虽然西门对这个出价仍不满意,但他也未把门彻底堵死。于是,李嘉诚等人与西行继续谈判,双方一直很难达成一致。

此时,股市一派新气象。按股市一向的"低进高出"现象,无疑现在不是股市吸纳的好机会;或许,气氛活跃的股市也并不能持续多久。果然不出李嘉诚所料,不久扶摇直上的香港恒指,受华尔街大股灾的影响,突然狂泻。1987年10月19日,恒指暴跌420多点,被迫停市后于26日重新开市,再泻1120多点。股市愁云笼罩,令投资者捶胸顿足,痛苦不堪。

整个香港商界股市硝烟弥漫,股市大亨们惊恐万状。大家为了寻求自保,谁也没有能力再参与这场股市大收购了。置地股票跌幅约四成,令西门寝食难安。于是李嘉诚的"百亿救市",成为当时黑色股市的一块亮点。证券界揣测,其资金用途将首先用做置地收购战的银弹。然而事实证明,李嘉诚并没有这么做。这次收购虽然最终没能成功,但是李嘉诚的这种生意场上只有对手、没有敌人的做法却值得称道。

《韩非子》中讲了一个狗恶酒酸的故事:宋国有个卖酒的人,酿制的酒香味醇厚,人也和气、公道,待客人殷勤周到,但是生意却很清淡。店外酒旗高高飘扬,可酒就是卖不出去,很多酒都变酸了。这个人很苦恼,不知道为什么会这样。于他请教了邻里的一位长者,这位长者说:你人很和气,可是你养的那条大狗太凶猛,大家很怕它,谁还敢来买你的酒?这个故事形象地说明了和气生财的道理:和气的人往往人缘很好,和气待客的商家往往能赢得顾客的青睐，从而赢得商业的成功。

3. 富人把人情当作"存款"，时时存时时取

> > > > > > > >

钱钟书先生一生日子过得比较平和，但困居上海写《围城》的时候，也窘迫过一阵。辞退保姆后，由夫人杨绛操持家务，所谓"卷袖围裙为口忙"。那时他的学术文稿没人买，于是他写小说的动机里就多少掺进了挣钱养家的成分。一天500字的精工细作，绝对不是商业性的写作速度。恰巧这时，黄佐临导演排演了杨绛的四幕喜剧《称心如意》和五幕喜剧《弄假成真》，并及时支付了酬金，才使钱家渡过了难关。时隔多年，黄佐临导演之女黄蜀芹之所以独得钱钟书亲允，开拍电视连续剧《围城》，实因她怀揣老爸一封亲笔信的缘故。钱钟书是个别人为他做了事他一辈子都记着的人，黄佐临40多年前的义助，钱钟书多年后还报。

在现实中，富人大都如钱钟书这样。但仍有不少朋友之间的感情投资不是基于什么共同志向，而是为"办事"或为求朋友帮忙才进行，平时则采取"无事不登三宝殿"的态度，而且一旦利用完就随手丢掉，这样的人怎么可能赚到大钱呢？所以，在人际交往中，我们只有不断增加感情的储蓄，聚积信任度，才能够保持和加强亲密互惠的关系。只有先充实自己的人情账户，你才能增加自己的银行存款。

张新根是杭州一家笔庄的老板。1999年在杭州创业时，可说是他人生中的最低谷，窘迫到买不起煤饼自己找柴烧饭，十分潦倒。即使如此，他也并没有放弃，而是经常出没于杭州的各个画廊、美术院校，只要有机会就给别人看他的笔。正当他四处碰壁、万般无奈的时候，改变他命运的一个人出现了。

有一天，张新根在一个画廊里参观，正赶上时任杭州画院副院长的周文清老师也在这里参观。张新根看周老师气度不凡，就拿出一支上好的毛笔要送给他，周老师看后感到很惊讶。这次巧遇使周老师对他的笔产生了浓厚的兴趣，以笔会友，两个人在研究笔的过程中结下了深厚的友谊。为

了让更多的人了解他的笔，周文清决定帮他开一个笔会，并免费提供场地。通过笔会，张新根认识了画院的更多的朋友，还帮助他解决了欠了多年的债务问题，他的心情也轻松起来。时间久了，通过书画家们和顾客间的相互介绍，他的笔庄在杭州渐渐有了名气。

不久后，张新根将他的笔庄开在一个冷清的文化用品市场二楼的拐角里。气氛虽然冷清，但张新根却有他的目的。喜欢毛笔的人都是一些文人，不喜欢很热闹的地方，书法家、画家来这儿一看就会觉得比较高雅，地方也比较宽敞。有时他还会经常给顾客试笔，如果环境很吵闹，试笔感觉就出不出来，而在清静的地方，就不会打断顾客的思路，也能感觉到这个笔质量如何。张新根的生意在后来越做越大，如今，他已经拥有两个笔庄、一家工厂，每年制作销售毛笔四五万支，成为杭州颇有名气的"文化型富豪"。

人情就好比是我们银行里的存款，存的越多，存的越久，利息也就越可观。我们看到的那些成功人士，基本上都是特别重视人际关系的日常经营和积累的。当他们将所有感情投资分类研究其回报率时，结果发现，注意人脉的日常经营和维护，在所有投资中花费最少的，但回报率却是最高的。所以，想要有一番作为的人们，要养成随时向"感情账户"注入"资金"的好习惯，这样的"感情账户"才能为我们的将来得到好处。

尚云是一家律师事务所的所长，平时就十分注重人际关系的建立，不管是大人物还是小人物，她都会不惜花费，来和这些人建立良好的关系。一次，与她仅有一面之缘的一家公司的主管，因为一桩车祸将人家撞伤了，倾所有的积蓄都赔偿给了对方，而且赔偿是非常合理的，对方通过手术之后就没什么大碍了。但是因为对方亲属仍然觉得不满足，便找来律师要和他打官司。尚云二话没说，就出面替他摆平了这件事，而且没收一分钱。最后那名主管成了公司的总经理，便聘请她做了公司的法律顾问，而且待遇非常优厚。尚云广泛建立人际关系的结果，使人人都愿意帮助她，她也因此为事务所带来了很多的生意。

充实自己的人情账户，"先存再提"，说来有些太"现实"了，有"利用"、"收买"的味道；但若从另一个角度来看，和别人建立良好的人际关系本来就有这样的好处，恐不能光用"现实"的眼光来看。而这些人际关系，必成为你一生中最珍贵的资产，在必要的时候，会对你产生莫大的效用。

　　银行里的存款只有时时存才能时时取，人情也同样如此。想要在做生意的时候得到朋友的帮助，以赚取更多是利润，那么存取人情账户是十分重要的。只有这样，在你需要的时候才会有人站出来帮助你。

4. "冷庙"也烧"热香"，
富人不因财富差距而关闭交往的门
>>>>>>>>

　　生活中，人与人之间的交际手段大相径庭。有些人平时待人不冷不热，有事了才想起去求别人，又是送礼、又是送钱，显得分外热情，但这种"平时不烧香，临时抱佛脚"的效果常常并不理想；还有一些人压根就瞧不起条件比自己差的人，常常将他人拒之门外。而富人交朋友绝对不会因对方不如自己就关闭交往的大门，所以常常会在需要的时候得到意外的帮助。这也正是富人为什么总是能够化解危机、获得成功的原因。

　　所以，如果你也想家财万贯，对于那些比不上自己有钱的人也不能敬而远之，更不能置之不理。谁都不知道人生的下一刻会是什么样子，如果你能在朋友遭遇困境的时候伸出援手，这种雪中送炭的举动无疑会让对方铭记一生，而你从中得到的绝不会是一丁点的好处。

　　20世纪70年代初，香港的塑胶业出现了严重的危机。由于石油危机波及香港，致使塑胶原料全部依赖进口。而此时的进口商趁机垄断价格，并抬高物价，让许多厂家难以接受。于是许多厂家停产，濒临倒闭。

　　在这个关键的时候，李嘉诚出现在了风口浪尖。他倡议数百家塑胶厂家入股组建了联合塑胶原料公司，并由该公司出面，与国外直接交易。由于他们现在的需求量比进口商还大，而所购进的原料降低了价格，按实价分配给股东厂家。于是，进口商的垄断被打破了。

　　之后，李嘉诚还将长江公司的13万磅原料以低于市场一半的价格，卖给了一些濒临倒闭的厂家。在这次危难之中，有几百家塑胶业的厂家得到了李嘉诚的帮助，他因而被称为香港塑胶业的"救世主"。从此以后，他在业内的威望更大，而自己的生意也越来越顺利。

《金粉世家》里的冷清秋曾经对她家里的一个仆人说过："人在没进棺材前，谁也不敢说以后他会成为一个什么样的人。"所谓的盖棺定论便是如此。当朋友有危难的时候，你出现在他们面前，你就成为了他的恩人了；等你有了困难的时候，别人也会在重要的时候助你一臂之力。因此，在别人最需要的时候给予帮助，伸出你的援助之手，这才是赢得别人回报的资本。

张新瑞是一名年轻的律师，在美国办有自己的一个律师事务所，专门受理移民的各种事务和案件。创业之初，他吃尽了苦头，穷得连一台复印机都买不起。但是在他的努力下，他的律师事务所在当地开始有了名气，财富也接踵而来。他的办公室扩大了，并有了自己的雇员和秘书，而且还越做越大。

可是，天有不测风云。正当他事业如日中天的时候，一念之差他将所有的资产都投资于股票，并且几乎全部亏尽。更不巧的是，由于美国移民法的修改，职业移民额削减，他的律师事务所也门庭冷落，于是只有破产了。

这个时候，他却接到了以前一个朋友的电话，说自己可自赞助他，并且帮他恢复原来的公司。他觉得有些不可思议，原来这个朋友恰好就是以前在国内时自己曾经资助过的一个朋友。当时，那个朋友也是刚刚成立公司，只不过公司刚起步，资金周转不过来，便向他借钱，他也没顾虑太多，就稍微的伸了把援手。没想到当初小小的一次"善举"，居然为现在自己带来这么大的改变。

在一个人春风得意时与之靠拢，同在他失势时拉他一把，其后形成的相互关系无疑是大相径庭的。选择后者的男人能成为富人，因为他知道受到帮助的人就像股票中的原始股，其财富价值会在日后显现。马克思曾说过："人的本质就是社会关系的总和。"一个人的人脉关系越丰富，其能量也就越大。别人办不了的事情，你或许一个电话就轻而易举地解决了；相反，你费了九牛二虎之力都解决不了的事情，别人或许很轻松就搞定了。原因就是丰富的人脉关系永远是制胜的法宝。

"三十年河东，三十年河西"。昨天的权贵，今天可能成为平民；即使是富可敌国的富人，一夜之间也可能一贫如洗。从人生的角度来看，人们不可能一帆风顺，挫折、背运是难免的。当人们落难的时候，正是对周围的人们、特别是对朋友的考验。远离而去的人可能从此成为路人，同情、帮助他渡过难关的人，他可能铭记一辈子。所谓莫逆之交，患难朋友，往往就是在困难时期产生的，这时形成的友谊是最有价值，最令人珍视的。所以，千万不要因为别人没你有钱，就对穷朋友不理不睬，否则这种习惯将会成为你致富路上的绊脚石。

5. 富人通过"包装"自己，以吸引更有价值的人脉
> > > > > > > > >

在当今社会，外在形象已成为人们迈向成功的重要筹码。一个良好的外在就像一块吸铁石，可以轻易地吸引别人的眼球，从而将自己变成人群的焦点。所以，外在形象的包装和修饰，已经成为人们走向事业成功的手段。

虽然有很多人看不起、甚至鄙视现代社会中的包装手段。但是如果没有包装，很多事物就失去了转变的机会，一些好的东西就可能永远被埋没。如果没有包装怎能到达更好的广告效果呢？

英国形象大师玛丽·斯皮莱恩说："如果你不在早上花点时间注意细节，更重要的是其他人会为你遗憾一天。"商品需要包装，因为消费者的眼光和喜欢是挑剔的。同样的，人也需要包装自己，因为一个人只要通过包装，缺点就可以得到相应地掩盖，这样一个人才能让更多的人认识自己、喜爱自己、支持自己。所以说包装自己，为自己做广告宣传不为耻。

那么在交际中，怎么样才能让自己的形象得到提升，让更多的人愿意与自己交往呢？

第一、注意面部表情与眼神。

一般来说，与人交谈面带笑容、听人说话时表现出专注神情的人，一般都是人际关系很好的人。表情不仅可以充分展示自己的人格和修养，还可以弥补自身的一些先天不足，也可以掩盖自己的一些缺点。真诚的微笑，往往能够给人留下良好的印象。

第二、言行举止要规范。

行为动作是体现一个人形象、气质、修养的表现。一般来说，男性的举止讲究潇洒、大方，女性的举止要注意优雅、含蓄。要讲究自己的站立和坐的姿势、走路方式以及一些习惯性动作。

第三、谈吐要得体。

良好的谈吐可以建立良好的第一印象，所以，你需要分析自己的声音，研究一下自己的声音效果，因为说话的速度、声音大小、音质和口齿清晰度等特点，在传递信息的过程中，和说话方式、说话内容同等重要。在谈话的过程中要注意使用准确而又得体的称呼，而且对方也很愿意接受这种称呼。

第四、从仪表着手。

社会心理学家认为，在公众场合，大多数人总是趋近衣着整洁、仪表大方的人，或衣着略优于自己的人。事实也是如此，如果你不修边幅、肮脏邋遢，那么谁都不愿意接近你。有不少人认为，人的衣着服饰往往代表一个人的地位、身份和修养，为获得良好的初次印象，穿着上一定要注意身份和场合。

要想变成一个富人，首先要让自己的有富人的样子，如果你总是邋里邋遢，不知道"包装"自己，这样肯定无法吸引别人，反而会让他人想要远离你。所以，要想成为富人，包装自己的形象是相当重要的。

6. 富人善用别人的智慧为自己创富
> > > > > > > >

比尔·盖茨说："累积财富的第一个法则，就是找最棒的人来帮你工作。"他找的人不但懂计算机，同时也懂得如何做生意。假如只是懂计算机、芯片和软件，这个人他是不要的，他找的人一开始就具备了经营和技术上的条件。

比尔·盖茨不懂计算机，却将微软做得那么有声有色，并成为了首富，就是因为他善于借用别人的智慧来为自己赚钱。作为一个创业者，你可以不懂很多东西，但是一定要善于用人。用人是一种艺术，也是一种最实用的艺术。在富人看来，善于用人不仅可以弥补自己的不足，还可以使自己变得强大无比。不善于用人的人，即使是本人再优秀，终也难成富人。

长虹电子集团公司总经理倪润峰，花了10年心血终于把长虹变成了一气贯长虹、如日中天的彩电企业；他自己也被世界统计大会授予"经营管理大师"称号，并获得了《亚洲周刊》所评选的亚洲企业家成就奖。倪润峰的成功是有多方面的原因的，也给了我们诸多可以借鉴的宝贵经验，其中一条就是：为了长虹，不惜一切笼络人才。

赵勇是清华大学毕业的博士后，在清华读书14年，毕业后就参加了国家重点项目的研制开发。1993年，出色地完成了国家使命的赵勇来长虹商调在该公司工作的妻子回京一事。

倪润峰得知赵勇是一个不可多得的人才，主动找赵勇商谈，希望赵勇也能留在长虹。看起来这有些不可能，可是倪润峰锲而不舍，经过两次倾心长谈，终于打动了赵勇的心，妻子没调走，自己也留在了长虹。赵勇说："是倪总的人格魅力吸引了我。"

事成后，倪润峰马上给赵勇安排了一班人马，任他调度使用，以便攻克大屏幕彩电模具难关。对于一个热衷于科研事业的人来说，这是最大的鼓励和诱惑。上司的充分信任，自由的实验空间，充足的资金来源，让赵勇干劲十足，仅在一年内，就为长虹填补了这一机构设计制造上的空白。

倪润峰对赵勇的这一贡献也给了相应的奖励，1995年就让他住进了180平方米的专家楼，次年被提升为长虹设计四所所长。赵勇更是勤奋工作，"长虹红太阳一号工程"就是他决策的。倪润峰为长虹赢得了赵勇，赵勇为长虹赢得了明天。

世界潜能大师陈安之的《超级成功学》中有这样一个观点："成功靠别人而不是靠自己。"他认为成功有三个途径：一是帮成功者工作；二是和成功者合作；三是请成功者为你工作。但是无论是哪个途径，都离不开别人。没有完美的个人，但是有完美的团队。成功的人并没有比别人多出什么，只是他知道自己有哪些不足，然后寻求他人的帮助弥补自己，最后取得了成功。

李嘉诚从一个低微的打工仔，成为香港首富；长江也由一间破旧不堪的山寨小厂，成为庞大的跨国集团公司。如果单凭他自己，就是一秒也不停地赚钱，也积累不了这么多财富，这与李嘉诚善于借助别人的力量是分不开的。

霍建宁、周年茂、洪小莲，被称为长实系新型三驾马车。洪小莲负责楼宇销售，后来又任长实董事。地产发展有周年茂，财务策划则有霍建宁。李嘉诚为了从塑胶业脱身，投入地产业，聘请一位美国人任总经理，自己只参与重大事情决策。

李嘉诚入主和黄洋行，提升李察信为行政总裁，自己任董事局主席。到1983年，二人在投资方向产生矛盾，李察信离职；李嘉诚又雇佣另一位英国人——初时名不见经传、后来声名显赫的马世民。

李嘉诚曾郑重地对记者说："你们不要老提我，我算什么超人，是大家同心协力的结果。我身边有300员虎将，其中100人是外国人，200人是年富力强的香港人。"长江集团总部，虽不到2000人，却是个超级商业帝国。每年为长江系工作与服务的人数以万计，资产市值高峰期达2000多亿港元，业务往来跨越大半个地球。

李嘉诚说过："每天，我要处理的事情太多了，我又不是孙悟空，可以有三头六臂。我只是一个平凡人，如果没有人替我办事，我是无论如何不会取得今天这样的成就的。所以，成就事业关键是要有人能够帮助你，乐意跟你工作，这就是我做生意成功的秘诀。"

任何一个人，想获得巨大的成功和财富，绝不是单枪匹马、单纯依靠个人力量就能完成的。常言道："鸟随鸾凤飞腾远，人伴贤良品格高。"结交更多有用的朋友，并借助他们的智慧为自己指点迷津，才是富人的精明之处。想要成为富人，就得好好学习富人"借力"成功的有效方法。

7. 富人能把竞争对手变成"合作伙伴"

> > > > > > > >

在同一个地方，有两家势均力敌、专营家电用品的商店。刚开始，两家店主都想挤垮对方，独自垄断附近的家电市场。终于，其中一家在彩电销售中占了先机，但好景不长，另一家在落后之后迅速调整了销售价格，最后两家的营业额都有了一定程度的下降。更为糟糕的是，附近又新开了一家同类型的商店，而且软硬件都是一流的，于是一部分客源又流向了新店。原来两家的店主本来是竞争对手，现在则变成了好友，希望一起对付新店。二人转念一想，这样下去不就三败俱伤了吗？于是，二人找到新店主，商讨对策。最后达成了一致协议：合作、共荣，三店同时进货，统一定价，统一配送。这样，不仅节约了成本，而且控制了定价权，各自都增加了营业收入。

报喜鸟集团的董事长说："与别人合作，实现共同繁荣，是我们浙商成长的一个秘密武器。"做生意，合作是走向繁荣的前提，敢于与别人、甚至是竞争对手合作的人，才能获得共赢，获得成功。

胡应湘毕业于美国著名的普林斯顿大学土木工程系，李嘉诚初进房地产界的时候还请教过他。虽然两人算是竞争对手，但是后来两人也一直保持着良好的合作关系，这也得益于李嘉诚善于把竞争对手变成合作伙伴的能力。

1987 年 11 月 27 日，位于九龙湾的一块政府公地拍卖。因为地理位置良好，拥有极高的开发价值，房地产界的多数大亨都参加了这块地皮的拍卖，当天李嘉诚也出现在拍卖场上。那块土地占地面积为 24.3 万平方英尺，底价为 2 亿港币，每口竞价为 500 万港币。拍卖的场面异常火爆，火药味也特别的浓。一开始，李嘉诚就和一位竞标者连叫两口，底价连跳两次。就在这个时候，拍卖场上响起了一个李嘉诚非常熟悉的声音，原来是胡应湘。

李嘉诚不慌不忙地举起手叫到"3 亿"，将地价连跳八口。正在大家一片哗然的时候，胡应湘沉着应战，又将价格连抬十一档，喊出了 3.55 亿港币的高价！拍卖会再次掀起了高潮，一时间郑裕彤等房地产界大人物也加入竞价。

很少有人注意到李嘉诚的得力助手周年茂悄悄地走到胡应湘的助手何炳章身边，对他一阵耳语。结果，胡应湘居然退出了竞投，不再应价。就在人们都感到意外的时候，叫价已经加到 4 亿港币，是底价的两倍了。拍卖场突然安静下来，竞投各方默默在心里打着自己的算盘。此时，李嘉诚又报出 4.95 亿港币的天价，令在场的所有人侧目。

拍卖师一锤定音，李嘉诚终于将这块公地收入怀中。令人感到惊讶的是，在拍卖会后李嘉诚立刻宣布："这块地是我和胡应湘先生联合所得，将用以发展大型国际商业展览馆。"原来，这就是为什么看起来其势汹汹的胡应湘会突然退出竞投的原因。李嘉诚在拍卖前就将此块土地的最高竞投价定为 5 亿港币，无疑这也是其它所有人心里的高价。虽然看似出价很高，而且他决定和胡应湘共享利益，但是李嘉诚在这中间还是能够获得丰厚的利润的。

一般人奉行的都是"吃自己的饭，流自己的汗"。但是在商场上，没有谁能够单枪匹马打天下，想要一个人获得巨大的财富和成功，更是天方夜谭。富人们都懂得合作共赢的道理，可是有些人并不懂，他们总是认为，只要打垮竞争对手，自己就能获得长久的利润。殊不知，正是这种恶性竞争，导致很多人失去了拥有财富的机会。因此，他们应该学习富人的聪明才智，学会利益转化，将竞争对手变成合作伙伴，这样才会有更多意想不到的收获。

8. 富人积累信用"财富"，
一个好的信用至少值两万美元
>>>>>>>>

有些人常说"无商不奸"，但是纵观各行成功人士，有几个奸商把生意做好并且获得了成功的？做生意的确需要精明，但是精明并不代表欺骗。很多人在做生意的时候，夸大广告，吹嘘自己的产品，将优点说得天花乱坠，虽然一时间唬住了消费者，但是在钱包鼓起来的时候，信誉却一扫而光了。

南存辉曾说过这样一句话："小生意靠头脑，大生意靠信誉。信用对企业而言是一笔无形资产，是立业之本。特别是在市场经济日益深入、国际竞争越来越激烈的今天，信誉资源比任何时候都显得宝贵。一个企业想要做大做强，必须要有强有力的信誉作保障。"财富与成功是建立在诚信的基础之上的，一个人只有让自己在别人心中树立起诚信的标牌，才能使自己的生意红红火火，经久不衰。

1979 年某一天，李嘉诚在记者招待会上宣布："在不影响长江实业原有业务基础上，长江实业以每股 7.1 元的价格，购买汇丰银行手中持占 22.4% 的 9000 万普通股的老牌英资财团和记黄埔有限公司股权。"

为什么汇丰银行让售李嘉诚的和黄普通股价格只有市价的一半，并且同意李嘉诚暂付 20% 的现金（即 1.278 亿港元）便可控制如此庞大的公司？事后汇丰银行向记者透露："长江实业近年来成绩良佳，声誉又好，而和黄的业务在脱离 1975 年的困境踏上轨道后，现在已有一定的成就，汇丰在此时出售和黄股份是顺理成章的。汇丰银行出售其在和黄的股份，将有利于和黄股东长远的利益。我们坚信长江实业将为和黄未来的发展，做出极其宝贵的贡献。"

从这里我们可以看出，信誉对企业的发展有多么重要。正如李嘉诚所说："人的一生最重要的是守信，我现在就算有十倍多的资金，也不足以应付那么多的生意，而且很多是别人来找我的，这些都是为人守信的结果。"

"一言既出，驷马难追"。在商业操作上，这种信用是双方必须遵守的游戏规则。信用就好比双方一起搭桥，不论是险谷还是恶滩，通过这座桥，彼此都能安全的通过。曾有一位著名的企业家对一位诚实守信的年轻人说："虽然你很贫穷，可是还是有许多人愿意仅仅凭你的信用借给你巨额资本，因为他们知道，信誉是最好的资本。拥有像你这样品质的人，胜过那些有十万美元却没有信誉的人。"如果每个生意人都足够诚实，那么每个人都会有赚钱的机会。

路透社是现代世界上极有影响的新闻发布机构之一，从创立到现在已有一百多年的历史了。该社的创始人路透先生，始终都把诚实、公正作为新闻业的宗旨。

路透先生是位犹太人，1851 年的盛夏，他与妻子一起来到英国的伦敦，想在那里开展新闻事业，把国际上发生的每一件大事作为新闻传播到地球上的每一个角落。

不久，通讯办事处开张了，他担任新闻社的社长，每天都挨家挨户地到金融大街推销自己的新闻快讯。经过几个月的不懈努力，两个人组成的路透社已经收到了很多的订单，甚至是和伦敦隔海相望的巴黎也是如此，而且还有不少人订阅路透社的新闻。不久，欧洲东部国家的一些商人也纷纷写信，希望能与路透友好合作，作为路透社在东欧的代理人。就这样，路透社在伦敦很快地发展和强大起来，并且还成为了通讯行业里的巨头。

路透社把诚实、公正作为新闻发行的基本原则，并且对于每一条新闻都经过认真的调查，直到确定准确无误后，才发布到世界各地。时间长了，所有的人都知道路透社是一个以诚信著称的新闻单位，而且从这里发布出来的新闻绝对可信，不会出现欺骗读者的小道消息和花边新闻。为了能够读到最快最准确的新闻快讯，世界各地的人们都纷纷订阅路透社发行的报纸。

路透去世以后，就由他的儿子赫伯特继承了他的事业。赫柏特仍然坚持把诚实、公正作为新闻报道的原则，在他经营的前十年里，每年报社的营业额都有大幅度的增长。

奥康集团董事长王振滔说过："一个人无论从事什么样的行业，若要取得事业成功，都有赖于良好的人际关系、广泛的社会关系网络和来自他人的帮助。然而，这一切的获得，都需要依靠信用作为投资，这就是商人的成功之'本'"。

很多成功的商人创业、闯天下，哪怕是在人生地不熟的外地，却还是创造了一个又一个的商业神话，而让他们永远立于不败之地的秘诀只有一个，那就是诚信。俗话说："诚信二字值千金"。一个人打造出了自己的诚信品牌，无论走到哪里，都能够如鱼得水。

偷

——富人不说却默默在做的99件事

学

第十章
chapter 10

富人会吃亏，
舍小利才能谋大财

1. 富人赚钱从吃亏开始

> > > > > > > >

有一家药店和一家代理商已经有了很长时间的业务来往。出于利益考虑，药店老板觉得自己卖得好应该赚的更多，所以进货的时候都会以价格太高而要求代理商把产品降价。代理商刚开始为了打开市场，维持销量，所以不得不降价。药店老板自以为得了大便宜，想不到很长一段时间，代理商都没有再给他送货，但顾客却指明要买该产品。他急忙打电话给代理商要求马上送货，对方委婉地拒绝了他，告之已经断货了。药店老板当然能够听懂其中的意思：自己光想着赚更多的利润，而把对方的利润压的太低，人家肯定不愿意再与自己合作了。不久以后，与药店相邻的另一家药店推出了该产品，看着蜂拥流失的消费者，药店老板不禁后悔死了。

中国有句古话，叫"贪小便宜吃大亏"。好贪小便宜的人，看到的只是眼前最近地方的利益，只是一棵触手可得的树而已，他们没有看到不远处那一片原本可以属于自己的大森林。所以在利益关系面前，总是占尽便宜的人最终会尽失人心，让自己的财路越来越窄。故此，做生意一定要学会吃亏的艺术，才能赚取更多的利润。

胡雪岩本是杭州的小商人，他不但善经营，也会做人，颇通晓人情，懂得"惠出实及"的道理，常给周围的人一些小恩惠。但小打小闹不能使他满意，他一直想成就大事业。他想：在中国，一贯重农抑商，单靠纯粹经商是不太可能出人头地的；大商人吕不韦另辟蹊径，从商改为从政，名利双收。所以，胡雪岩也想走这条路子。

王有龄是杭州一介小官，想往上爬，又苦于没有钱作敲门砖。胡与他也稍有往来，随着交往加深，两人发现他们有共同的目的，只是殊途同归。王有龄对胡说："雪岩兄，我并非无门路，只是手头无钱，十谒朱门九不开。"胡雪岩说："我愿倾家荡产，助你一臂之力。"王说："我富贵了，决不会忘记胡兄。"

胡雪岩变卖了家产，筹集了几千两银子，送给王有龄。知道这事的人都笑胡雪岩是一个傻子，光凭对方一句话，就把自己的全部家当举手奉上。如果王有龄黄鹤一去不复返，那你胡雪岩岂不是赔了夫人又折兵。但自从王去京师求官后，胡雪岩仍旧操其旧业，对别人的讥笑并不放在心上。

几年后，王有龄身着巡抚的官服登门拜访胡雪岩，问胡有何要求，胡说："祝贺你福星高照，我并无困难。"

王是个讲交情的人，利用职务之便，令军需官到胡的店中购物。于是，胡的生意越来越好、越做越大，他与王的关系也更加密切。正是凭着这层关系，胡雪岩又有吉星高照，后来被左宗棠举荐为二品官，成为大清朝惟一的"红顶商人"。

牛根生说："吃亏吃到再也吃不进的时候，就不会吃亏了。苦多了，甜就大了。"商场如战场，每一个创业者为了一分利益、一丝胜利都要绞尽脑汁、斗智斗勇。然而真正成功的英雄，在这场利益大战中突出重围的勇者，都坚决秉持这样一个秘诀：赚钱是从吃亏开始的。

李明泰在陕西铜川开了一家机电设备公司。有一次，一个老客户来买电器配件，遗憾的是，找遍了公司的库存，就是没有这个配件。这位客户着急得很，因为拿不到这个配件，他所在的企业就面临停工，而停工一天的损失将达7万多元。看到客户如此着急，李明泰一边安慰，一边承诺一定在一天之内把货搞到。

客户刚走，李明泰便亲自出马打的直奔西安供货方。谁知，西安也没货了。没办法，他只好连夜乘飞机到杭州，然后再叫车赶往温州老家。

这么一折腾已经是清晨四五点了。李明泰不顾饥饿与疲劳，又在温州联系相关的生产厂家。在连续联系了十几个厂家后，终于找到了这个电器配件。拿到之后，李明泰火速打车直奔温州机场，连下车看望一下父母的时间都没有。第二天，当他把货交到客户手中时，客户感动得无法言语。

当然，这次生意对于李明泰来说，是一桩赔本的生意。因为一个配件才500元，利润也就30元，但李明泰却付出了3000多元的交通费。不过正因为此，他得到了客户的信任。次日，客户所在的企业就敲锣打鼓地送来大匾，还邀请了当地媒体来采访李明泰，宣传他这种一心想着客户的事迹。就这样，李明泰吃亏待客户的消息在业内广泛流传，他的生意自然是越来越红火，得到的财富自然比区区几千元的损失要多得多。

在富人看来，不就是那么点利益吗，何必与人争个高低。富人懂得吃亏是福的道理，既获得心灵的平静，又可以获得客户的支持。一旦对方醒悟过来，你的我的自然一清二楚。相反，处处想占小便宜的人，那吃大亏的日子也就离他不远了。所以，要经商赚钱，就不要时时刻刻总想着多赚点利益，有时候吃点亏，反而会有更大的收获。

2. 富人把吃亏看作是一种隐性投资

> > > > > > > > >

生活中，有很多生意人总是吃不得半点亏，哪怕是一丁点的利益也绝不放过，常常为了利益与人针锋相对，争个面红耳赤，最后闹得不欢而散，人心尽失。聪明的商人却不会斤斤计较，吃了亏不仅不难过，反而希望多吃一点亏，因为从长远看来，吃亏是一种隐性的投资，虽然目前看起来自己有所损失，但是日后必定会有大收益。

柔和七星是著名的日本烟草品牌，隶属于日本烟草公司。该公司成立于1898年，曾经由政府垄断经营。柔和七星这个品牌创立于1977年，最初，其销售量少的可怜，无人问津，然而后来却跃居世界第二位，并在八十年代成为世界销量最大的烟草品牌之一。柔和七星之所以能打开市场，并且迅速取得这样巨大的成绩，是在做了不少亏本生意之后才得到的。

柔和七星推出不久，因为缺乏知名度，销售情况不好，决定采取"先尝后买"的亏本方式打开市场：公司在世界主要国家的大城市物色代理商，然后通过代理商向当地一些著名的人按月邮寄赠送两条柔和七星的香烟，并且声明，如果对方有需要的话，还可以继续赠送。每隔一段时间，代理商都会寄来表格，向这些试用的人征求对香烟的意见。

赠送持续了一段时间之后，很多人已经接受了这种香烟，甚至是喜欢上了它，并且上瘾了。这时，代理商就会停止赠送，那些需要香烟的人就必须掏钱购买了。就这样，柔和七星渐渐地打开了市场，而且它几乎成为了身份的象征。在西方市场上人们争相使用，其销售量与日俱增。

柔和七星从开始的血本无归到最后的巨大盈利，就是从亏本经营开始的。事实证明，以现在的销量来看，不但没有亏本，反而赢得了巨大的利润。

有一句古话说："如欲取之，必先予之。"吃亏往往会让你获得更多，索取却让你获得很少。商人们在赚钱的时候，如果随时随地都想着占便宜，肯定没有人愿意与你合作，最后必定会吃大亏。如果在赚钱的时候将个人的利益置之度外，便可赢得更多的合作者，赚取更多的利益。越是不肯吃亏的人，越是无法赚到钱。虽然每个商人都喜欢追逐更高的利益，但是如果不肯提前投资吃亏的话，你赚的钱只会越来越少。

"吃亏是福"，是李嘉诚待人处世的原则之一。他说过："有时看似是一件很吃亏的事，往往会变成非常有利的事。"有时候，吃亏可能会转变成福气。无论做什么都要不怕吃亏，一时吃亏，长远来看却往往有利。

李嘉诚22岁时开始自立门户做生意，有一家贸易公司曾向他订购一批玩具输往外国。当时货物已卸船付运，可以向对方收取货款，而贸易公司的负责人来电通知，说外国买家因财政问题，无法收货，但该公司愿意赔偿损失。李嘉诚根据对市场行情的分析，认为这批玩具很有市场，不愁买家。因此，没有接受这家贸易公司的赔偿，目的是建立一个相互信任的关系，以期今后有合作的机会。

当李嘉诚转型做塑料花时，也没有把这件事放在心上。有一天，一位美国商人找到李嘉诚，说经某贸易公司负责人的推荐，认为李嘉诚的工厂是全香港规模最大的塑料花厂，希望能够跟李嘉诚合作。李嘉诚后来才知道，那位贸易公司的负责人认识这位美国商人，并在这位美国商人的面前说尽了李嘉诚的好话，说他是一位完全值得信任的生意伙伴。这位美国商人最后同李嘉诚订了6个月订单，日后又成为了永久的客户，他们所需要的塑料花逐渐全部都由李嘉诚供应，使其塑料业务得到了长足的发展。

犹太商人最爱做的交易就是既能帮助他人又能自己受益的买卖，必要的时候甚至自己吃亏也要让他人受益，也只有从这种思路出发的生意，才是最有发展前途的生意。一个商人如果喜欢占别人的便宜，干什么事都占上风，表面上看来是"赚"了，可同时也会失去别人的信任。在一些非原则的问题上退让一步，看来是"吃亏"了，却赢得了声誉。这样会利于自己的人际关系和事业的进步，为自己留下了更多赚钱的机会。

3. 富人欲得未来的大利，不争眼前的小利

> > > > > > > >

　　李嘉诚出任了十余家公司的董事长或董事，他把所有的袍金都归入长实账上，自己全年只拿5000港元，这还不及公司一名清洁工80年代初的年薪。但是二十多年来，李嘉诚年年如此。李嘉诚的这一举动却获得公司众股东的一致好感。于是，大家都特别信任长实系股票，甚至当他购入其他公司股票时，投资者也莫不纷纷购入。长实系股票被抬高，长实系市值大增，李嘉诚是大股东，至此得到大利的自然还是他。而且，李嘉诚想办什么大事，很容易得到股东大会的通过和支持。

　　孔子说过："见小利则大事不成。"但是在现实生活中，还是有很多投资者禁不住小利的诱惑，常常抓住蝇头小利不放，其结果却是轻而易举地将即将到手的大鱼放走了。富豪之所以富，就是因为他们善于做长远打算，不被眼前的小利所迷惑，才能在最后获得更大的利益和好处。

　　日本广岛市水道局预计花费1100万日元将埋在市区的电线、煤气管和自来水管的阀门位置、各类管道及铺设时间等，绘制出一幅能用电子计算机控制的示意图。竞标时，拥有大型计算机的富士通公司以1日元为报价的几乎免费的绝对优势，一举中标。为什么呢？富士通正是秉持着"小利不舍，大利不来"的想法，它要通过舍弃这1100万"小利"，赚上比这大几十乃至上百倍的大生意。

　　原来，日本政府计划在全国11个大城市都要这么办，并在此基础上还要安装电子计算机，广岛不过是首先实施的。这次若能成功，富士通在以后的竞标里必然增加必胜的竞争力。它肯丢弃这1100万日元，而能顺利中标并争取到了示意图的设计权，最终可以使自己成为使用这一图纸以控制地下管道的唯一的计算机生产厂家。试想，如此巨大的市场潜力，如此巨大的生意利润，1100万日元哪里可比呢？

　　俗话说，舍不得孩子套不着狼。小利面前不为所动、敢于放弃的人，

才能真正挣到大钱。据说，丹麦人钓鱼时，会将尺寸不够长的鱼放回河中，让小鱼继续生长，以便日后钓到更多的大鱼。其实，投资挣钱又何尝不是如此呢？唯有舍弃暂时的小利，日后方能满载而归。

成功的企业家之所以能创建并经营好企业，都具有广阔的视野和长远的目标。不为小利所动，注重企业的长远利益，盛田昭夫开拓美国市场时就是这样做的。

美国是世界上最发达的国家，打开它的市场之门，这是任何一家外国公司梦寐以求的。盛田昭夫在日本站稳脚跟后，也开始向美国进军。索尼产品一进入美国，就受到了一家大公司——布罗瓦公司的青睐，它看上了索尼生产的一种小型收音机，决定订购10万台。布罗瓦公司倚仗自己是老公司、大公司，而索尼是初次在美国露面，在购买时提出了一项附加条件：这些收音机必须换上布罗瓦公司的商标来出售。10万台，对刚刚踏上美利坚这块土地的索尼来说，无疑是非常诱人的数字，其收入也是十分可观的。但盛田昭夫不为所动，因为他要做的不是一笔买卖，而是要使索尼公司在美国立住脚，长期发展，大展宏图。他毅然回绝了布罗瓦公司的附加条件，坚持索尼的产品只能用自己的商标。后来索尼的兴盛和超高的利润，充分说明了盛田昭夫的决定是正确的。

一些生意人之所以没能成为真正的富人，就是因为他们贪图眼前小利，哪怕不择手段也不能放过一丝丝获利的机会；而真正的富人却是放长线钓大鱼，他们知道只有舍弃小鱼才能钓到大鱼。所以，要做大生意、赚大钱的人就要冷静对待眼前的小利，千万不要为了眼前利益而放弃长久的利益，这样就太得不偿失了。

4. 富人往往把亏吃在明处，利占在暗处

> > > > > > > >

新东方的校长俞敏洪在创立新东方、事业需要大发展的时候，飞到美国力邀自己在那里的北大同学回国创业。那些当时比俞混得还好的"牛

人"，之所以能回来的鲜为人知的理由，竟是他在大学 4 年默默无闻、任劳任怨地为他们宿舍打了四年开水。这个看似"吃亏"的行为传递给他们的信息是，俞敏洪能吃肉绝不会让弟兄们喝汤的，事实证明也确是如此。

"吃亏是福"，是一种可贵的人生哲学。很多富人都懂得吃小亏占大便宜的道理，虽然他们愿意吃亏，却总是将亏吃在明处，这样才不枉吃亏。但是一些生意人却经常吃的是哑巴亏，有苦说不出。所以，要把亏吃得恰到好处，是需要一定的智慧的。

上海安信地板有限公司董事长卢伟光就是一个敢于在明处吃亏的人，凭借自己独到的眼光，他用自己的利益换取了现在的发展。2001 年，卢伟光在巴西做了一次赔本的木头生意。这在许多人眼里是不可思议的，但是卢伟光却不这么认为："我早就听到了亚马逊丛林的召唤，那些木头是有生命的，有细胞、会呼吸，还会说话。"为了木头，卢伟光真是付出了很多。

2001 年春节前夕，因为市场被普遍看好，很多亚洲商人都增加订货量。但按照传统习俗，绝大部分装修工程在那时候都停工暂歇，没人订购。这样，商家手头的现金一下子窘迫起来。

但就在这个时候，印尼盾暴跌，从 1 美元兑换 8500 印尼盾，却一下子跌到了 1：13000。于是，大部分供应商都转向印尼采购，而停止从巴西采购。

当时的卢伟光也非常犹豫：如果按照原来合同中规定的汇率从巴西订货的话，自然能够赢得巴西人的尊敬和喜爱，今后就能够得到更优惠的价格。但贷款利率加上汇率损失，折合起来要亏损 1700 多万元人民币，这几乎是当时他一整年的利润。如果毁约的话，自己这 3 年在巴西辛苦经营的渠道和信用都要毁于一旦。

面对风险，卢伟光敏锐地意识到，未来两三年中国的房地产业必然还会发展，自己是有机会把这笔钱赚回来的。经再三考虑之后，他最终将借来的钱打到了对方的账户上，虽然并不知道现在这笔巨额损失能否百分百再赚回来。

卢伟光认为，这是该做的事，是不得不亏的钱。风波之后，他总共损失 1500 万元，但"上海安信讲信用"的消息很快传遍巴西业界。卢伟光的友善、真诚获得了丰厚的回报，150 多个原木锯材厂与他建立了深厚的友情，甚至连当地的印第安人都成了他的好朋友。他在回想当初的决定时，曾经感慨地说："现在回想起来还算幸运，因为当年绝大部分经销商都宁愿选择毁约，以避免这笔损失。而我，不仅仅给供应商带去了资金，也确立了自己在巴西良好的名声，其他供应商也都倾向于给我供货。"

能"吃亏"的人，往往有好的人际品牌形象，能得到人们的拥戴和尊敬，能聚集人气，创立大的事业。这就是会"吃亏"的人强大的能力，他表面上似乎吃亏了，但是其实是赚了，而且还赚了很多。

当年，北美洲的阿拉斯加是白俄罗斯大公的领地。美国想买下那块"不良资产"，白俄罗斯开出的价钱是720万美元，这在很多人看来美国是吃亏的。因为由于阿拉斯加地理位置较偏，它几乎不会给美国带来经常性投资回报，也不会存在下一个转让对象。但美国考虑的是它能给美国带来货币发行的增量，为美元打开欧洲商品市场奠定基础，这样可以繁荣美国经济。阿拉斯加另外一个重要作用是有利于巩固美元的市场价格，这显然不是它的实际价值。最终美国还是花了720万美元，接下了这块冰雪中的"不良资产"。

很多时候，吃亏是为了积累经验、增长见识和少走弯路，因为吃亏能够让人成长得更快。马云曾经被三家公司欺骗过，吃了不少亏，但是这些"亏"让头脑精明的他迅速成长，而现在那三家都已经不复存在了。所以，要想挣大钱，就要学富人一样适当地吃亏，并且用自己精明的头脑，在明处吃亏，让别人在感激你的同时，为长远获利准备机会。

5. 富人很小气，但他们懂得适度"施舍"
> > > > > > > >

常常听到有些人抱怨富人："真是小气，衣服破了都舍不得换件新的，挣那么多钱不就是为了享受吗？"他们之所以不理解富人的这种"小气"，是因为他们不知道赚钱的辛苦。尤其是那些白手起家的富人，他们吃过贫穷的亏，所以即使有再多的钱，他们还是会勤俭节约，香皂不磨完绝不会丢，毛巾还能用就不会换。富人对自己都很小气，但是他们却乐意与人分享自己的财富，对于慈善事业更是热心。因为他们知道，"施舍"也是赚钱的重要手段。

新希望集团的刘永好是典型的富豪，但是他吃的穿的都是极其简单朴实的，从来不烫头发，经常剪5块钱一次的头发。他说："我16岁时最想吃的是红薯白米饭，后来当老师时最想吃的是回锅肉。这个习惯到现在都没改变，和我一起出差的人都知道，我一般就点麻婆豆腐、回锅肉、蚂蚁上树三样菜。"刘永好深知创业的艰辛和不易，所以他不抽烟、不打牌、不酗酒，每天的消费不超过100元，还经常和员工一起在食堂吃饭。他觉得在食堂或在家里吃饭比较亲切、温馨。

刘永好对自己这么"小气"，可是他却懂得适度"施舍"，他说："人的资产要是超过1000万，更多的就是社会责任感了。"所以刘永好执掌的新希望集团在过去10年投入了5个亿在西部农村，而未来5年中他还要投10个亿于那里的新农村建设，以让城市居民吃上放心的肉、蛋、奶的同时，也让更多的农民兄弟得到工作岗位，树立信心，拥有更多的自尊。

富人乐于发展慈善事业，除了自己拥有乐善好施的善心之外，事实上也是一种赚钱之道。他们当量出资在各地兴办慈善事业，不仅可以赢得相关部门的好感，为他们开展事业提供各种便利，同时也能让众多消费者加深对他们的好印象，企业形象也会大大提高，对其所生产的产品自然也会青睐有加，赚钱的路子也就拓宽了。处理好与社会各界的关系，这也是富人们赚钱的重要秘诀之一。

郭鹤年是马来西亚杰出的企业家、首富，拥有"亚洲糖王"和"酒店大王"的两大美誉。除此之外，他的事业从白糖、酒店、房地产、船务、矿产、保险、传媒到粮油，创建了一个庞大的商业王国，也创造了无数的奇迹。

他是名人，可是却不爱抛头露面，也从不炫耀自己的财富。他的生活十分节俭简朴，上下班从来都是挤地铁，对于他来说最奢侈的事情就是打车上班，身上的衣服几乎没有超过百元的。他还被誉为香格里拉之父板，可是这位大老板的办公室却被客人们戏称为"鸽子窝"，书桌与沙发仍是十几年前的款式，只要干净整洁就好了；他从不穿名牌服装，不戴名牌手表，说富豪李嘉诚手腕上也只是戴着一只普通的电子表；他从不坐高级轿车，说公司的宝马与林肯是为外宾及专家服务的。

就是这样一个对自己"抠门"至极的大富豪，却是公益事业的积极倡导者。2005年1月，郭鹤年通过其嘉里粮油（中国）公司，向主持希望工程的中国青少年基金会捐赠5000万元。从今年起，一连五年为经济困难的农民工子女每人每学年提供600元至900元的助学金，帮助他们完成学业。他在给基金会的信中写道："我经常说，人生在世，有两件事要做的：首先要刻苦工作，努力奋斗，安排好家庭的生活；同时，也要帮助一些在教育上有需要的人们。这样社会才会和谐、稳定和进步。"

有些人不仅不理解富人热心公益事业的做法，让他们拿出钱来帮助别人更是难上加难，时时刻刻将口袋捂得紧紧的，深怕别人抢了去。这样自私自利又小气的人，是无论如何也不可能变成富人的。

富人们都热心地捐钱办公益事业，归根结底也是一种营销策略。不仅可以扩大企业影响，博得消费者的好感，同时为自己进一步扩大事业奠定了良好的基础。所以，要想成为富人，就不要只想到自己的享受和挥霍，一分钱也舍不得拿来做善事。所谓有舍必有得，当你拿出一部分钱乐意与需要帮助的人们共同分享的时候，你的事业之路也自然会渐渐通畅。

6. 与人合作，富人宁拿六分利，不拿七分利
> > > > > > >

曾经有人问华人首富李嘉诚的儿子李泽楷："你父亲教了你一些什么赚钱的成功秘诀？"李泽楷说，父亲什么赚钱的方法也没有教他，只教了他做人处世的道理。记者有些不解，李泽楷继续说："我父亲跟我说，你和别人合作，假如你拿七分合理，八分也可以，那我们李家拿六分就可以了。"

在做生意的时候，看似吃亏、少赚一点钱，但是却多了生意和合作的机会，这才是更大的财富。让利于人，共事的人得到了好处，下次还会与

你合作，所以李嘉诚最终能把生意做大，并成为首富。可见那些愿意与人合作并让利于人的人，看似吃了小亏，但最终成为最大的获利者，合作才是做好事业的根本。

有位建筑商，年轻时就以精明著称于业内。那时，他虽然颇具商业头脑，做事也成熟干练，但摸爬滚打许多年，事业不仅不见起色，而且最后以破产告终。在那段失落且迷茫的日子里，他不断地反思自己失败的原因，但思来想去也始终没有任何结论。论才智，论勤奋，论计谋，他都不比他人差，为什么有人成功了，而他却离成功越来越远呢？

正在他在街头转悠、百思不得其解的时候，顺手在路边一家书报亭买了一张报纸随便翻翻。突然他的眼前豁然一亮，报纸上的一段话如电光火石般击中他的心灵。他迅速回到家中，把自己关在小屋里，思考了很长时间。

后来，他以仅剩的一万元为本金，再战商场。这次，他的生意好像被施了魔法，从杂货铺到水泥厂，从包工头到建筑商，一路顺风顺水，合作伙伴纷至沓来。短短的几年内，他的资产就突飞猛进到一亿元，创造了一个商业神话。有很多记者追问他东山再起的秘诀，他只透露四个字：只拿六分。

渐渐地，他的生意越做越大，达到了一百亿台币。有一次，他应邀到大学演讲，期间不断有学生提问，问他到底有何秘诀。他笑着回答："因为我一直坚持少拿2分。"学生们听得如坠雾中。他接着说道："精明的最高境界就是厚道。与人合作如果总是让对方多赚两分，那自然会有更多的人与我合作。如此一来，虽然我只拿六分，但生意却多了100个；假如拿八分的话，100个会变成5个，到底哪个更赚呢？奥秘就在其中。我最初犯下的最大错误就是过于精明，总是千方百计地从对方身上多赚钱，以为赚得越多，就越成功，结果是多赚了眼前，输光了未来。"

演讲结束后，他从包里掏出了一张泛黄的报纸，正是当初让他惊醒的那张报纸。报纸的空白处，端端正正地有一行毛笔书写的小楷："七分合理，八分也可以，那我只拿六分。"他说，这就是一百亿台币的起点。

2006年中国十大杰出青年安踏掌门人丁志忠说过这样一句话："51%和49%，是父亲教给我的黄金分割比例。他告诉我，你做每件事情，都要让别人占51%的好处，自己只要留49%就可以了。长此以往，可以赢得他人的认同、尊重与信任。"不管什么时候，赚钱要适当地照顾他人的利益，让对方得到利益，自己吃点亏，最后获得财富最多的往往是自己。

有个砂石老板，自身没有多少文化，也绝对没有身世背景，但他的生意却出奇的好，而且历经多年，生意越做越大。说起来他的秘诀也很简单，因为他与别的商人不一样：他与每个合作者分利的时候，自己都只拿小头；而总是把大头让给对方。如此一来，凡是与他合作过一次的人，都愿意与他继续合作，而且还会介绍一些朋友，那些朋友再扩大到朋友的朋友，也都成了他的客户。有人背地里会笑他傻，因为做生意他只拿小头，但是所有人的小头集中起来，就成了最大的大头，他才是真正的赢家。

与人合作，如果总想着比对方多拿一层，时间一长，合作者就会一个个离你而去，你的利润自然会越来越少，最终会成为孤家寡人。所以，要想得利就得先让利，让得多，赚得就会更多。要发财，就必须记住这项商业"铁规"！

7. 富人绝不会为了利益舍弃信誉

> > > > > > > >

北京亚运会的时候，组委会曾要求地处北京前门的肯德基快餐厅为运动员提供盒饭。遇到这样的好事，无论哪个企业都会欣然接受，可是却遭到肯德基的婉言拒绝。负责人说：亚运村距前门太远，运输时间超过半小时，难以保证肯德基的本来品味。事情传开之后,，肯德基讲质量、讲信誉的良好企业形象更加得到广大消费者的好评，为肯德基快餐厅带来了更多的利润。

浙江法派集团董事长彭星说过："不守诚信，得到了你不应得到的，就会失去你不该失去的。"信誉是一切事业的基础，作为一个生意人，要把诚信作为立业的根本，以良好的信誉去赢得消费者的支持。在利益与信誉发生冲突的时候，大多数富人都会选择后者，这也是他们能将生意做到全世界的重要法宝。

皮尔·卡丹是全世界最有名的男装品牌，在市场上是万千消费者信赖的产品。之所以那么受欢迎，除了品牌的样式很新颖、面料高档之外，最得人心的就因为它是一个讲商业信誉的品牌，从来都不欺诈消费者，对消费者的承诺也从不食言。时间一长，良好品牌形象就在人们的心中慢慢树立起来了，高额的利益也就源源不断了。

一次，《华盛顿邮报》的一名记者到皮尔·卡丹为自己的丈夫挑选生日礼物，最后选中了一套西服。因为她想给丈夫一个惊喜，所以在买的时候没有问丈夫的尺码，而是凭着自己的感觉买的。回家把西服拿给丈夫，丈夫确实很激动，但是穿上之后才发现太大了。专卖店承诺一周之内可以退换货物，但是现在离退货的期限只有一天了，而明天又有一个非常艰巨和紧急的采访任务要完成，她一点时间都没有。如果不去退货的话，衣服就要作废了，还浪费了那么多的钱。这位记者感到非常为难，最终还是决定去采访了。

第三天，记者抱着侥幸的心理给皮尔·卡丹专卖店打了个电话。让她没有想到的是，专卖店竟然很爽快地就答应了退换货物。这位记者非常感动，于是在报纸上报道了此事，还大力将专卖店夸赞了一番，说那是她见过的最讲信誉的专卖店。因为这篇报道，皮尔·卡丹的顾客又增加了不少。

李嘉诚说过："一个公司建立了良好的信誉，成功和利润便会自然而来。我们做了这么多年生意，可以说其中有70%的机会是人家先找我的"。信誉是一个人、一家企业成功的重要保证，如果为了自己的利益而失信于客户，次数多了就会尽失人心，财富之神也就不会再眷顾你。所以，我们不管做生意还是做人，都应该像皮尔·卡丹那样，哪怕自己的利益受损，也要保证自己的信誉度，那样才会得到更多。

王为谦是旅港福建商会的理事长。1953年，他用自己的积蓄加上亲朋好友的支持，创办了香港新元贸易公司。因为他不会说英语，只能通过散居东南亚的福建乡亲，做一些进出口贸易。刚开始的时候，公司的资金欠缺，还好，在朋友的帮助下度过了难关。当时，公司的进出口贸易采用赊账形式，分期付款，双方唯一凭借的就是一个"信"字。王为谦经常挂在嘴边的一句话就是："一个人没有信用，他就难以立足"。

王为谦做生意，从来不贪图暴利、胡乱开价宰人，而是薄利多销。本钱多少，自己应得利润多少，一一告诉贸易伙伴，待人以诚，与客户建立了长期合作的关系。当时有两家日本电器厂商，看中他的诚实可靠，进取心强，愿意将电器产品交给新元开拓海外市场。后来，王为谦成了TDK的总代理，生意逐渐向多元化发展。

经40多年的创业、发展，王为谦创办的新元贸易公司在香港、祖国大陆、印尼、美国、加拿大等地，都有子公司或分公司。谈起这一商业王国的建立，王为谦总是自谦地说："还差得远，我谈不上成功。我的经历，只能说是一部充满艰辛的创业史。创业之初我手头无钱，但我坚持对人处事，以信、诚、勤三字相待，这三个字是我取得一点成绩的出发点与根本。"

美国成功学大师奥里森·马登说："任何人都应该拥有自己良好的信誉，使人们愿意与你深交，都愿意来帮助你。"王为谦就是因为讲信誉，所以才取得了巨大的成功。但是，现在有很多人的做法却与他相反：为了谋取暴利，经常做一些见不得人的勾当，欺瞒消费者；对一些不懂行情的客户加以压榨；为了减少成本，以次充好，以假乱真，坑害顾客。殊不知这样做总有一天会被发现，等到你声誉扫地，也就是你财路不通的时候。所以，做生意一定要讲究信誉，只有这样，才能财源滚滚来。

偷

—富人不说却默默在做的99件事

学

第十一章
chapter11

富人懂理财，亿万富翁
如何安全快速地让钱生钱

1. 亿万富翁的神奇公式

> > > > > > > >

黄培源是台湾著名的投资理财专家，他多次提到一个创造亿万富翁的神奇公式。假定有一位年轻人，从现在开始能够定期每年存下 1.4 万元，连续存 40 年；如果将每年存下的钱都拿来做投资，并且每年都能获得平均 20% 的报酬，那么 40 年后，他能积累多少财富？很多人大概都会猜在 200—800 万元之间，顶多 1000 万元。然而正确的答案却是：1.0281 亿，一个令人惊讶的数字。这个数据是依照财务学计算年金的公式得之，计算公式如下：1.4 万 $(1+20\%)^{40}=1.0281$ 亿。这个神奇的公式说明，一个 25 岁的上班族，如果依照这种方式投资到 65 岁退休时，就能成为亿万富翁了。

很多人梦想一夜暴富，平日里却大手大脚，毫无理财观念。如果这样，即使有一天你突然发了大财，财富也不会在你身边呆太久。与其这样，不如像富人一样树立正确的理财观念，从一点一滴开始积累。也许很多人都说不懂这方面的知识，其实投资理财没有什么复杂的技巧，最重要的是观念，观念正确就会赢。每一个理财致富的人，只不过养成了一般人不喜欢、且无法做到的理财习惯而已。

美国的女富豪尤拉·莱蒂里从 16 岁开始跟随父亲闯荡商界，是世界闻名的女强人。她成功的基础，就是从那时起养成的存款习惯。

尤拉·莱蒂里刚开始工作时，也只是在一家大公司当秘书。当时虽然收入不多，月薪只有 50 美元，可她仍然把大部分钱积蓄起来，为日后的投资做准备。两年后，尤拉·莱蒂里小有积蓄，便开始做粮食和副食品的投机生意，成为一个小有资本的年轻女商人。这时她仍然保持着储蓄的习惯，还要积攒更多的资本，为今后的大投资做准备。

后来，在钢铁业掀起热潮时，尤拉·莱蒂里认为机会来了。她凭靠长期积蓄的财力，在一家老式钢铁厂拍卖时，不惜重金，每次叫价都比对手高，最终获得了这家钢铁厂的产权。这就是她以前积累下来的积蓄所发挥的作用，成为了她日后登上商界顶峰的起点。十年后，尤拉·莱蒂里成为美国名人榜上屈指可数的女富豪。

《女人要有钱》一书的作者茱蒂·瑞斯尼克说："女人应该尽早开始投资和储蓄，起步越早成功的机会越大，越年轻开始充实这方面的常识越有利。在能力范围内牺牲物质享受，学习精打细算，为未来做准备，不要甘于贫穷，才能拥有真正的自由。当然，绝对不可为了金钱而不择手段。"不管是男人还是女人，只要你想成为富人，就要从你有能力挣钱的那一刻开始自己的存储计划，为日后成为富人打下坚实的基础。

1998 年，泽凡是一家国营企业的行政管理人员，月收入 2000 元左右；妻子在一家私营单位工作，月收入 1500 多元；孩子当时才刚刚两岁。为了使自己的生活过得更好，他和妻子商量，决定制定一个长期的理财计划，即每个月设法往银行存储 2000 元，等到孩子上学的时候差不多就能够使资金累积到 10 万元，作为留给孩子的教育投资。从孩子六岁上学时起，夫妻俩开始存钱，作为改善生活条件、提高生活质量的保证。就这样，他们严格按计划行事，十年后，他们的生活过得富足而安稳。

泽凡的理财步骤和规划是这样的：

第一步，设立账单，积极攒钱。首先建立一份账单，包括必须的日常开支、预算外开支等，目的是为了保证每个月都能节余部分钱。预计把家庭支出控制在 1000 元以内，这样就可以保证节余 2000 多元。然后定时定额或按收入比例将结余的资金存入银行，养成长期储蓄的习惯。

第二步，为自己和家人购买保险。针对自己家庭的经济情况，选择一个低保费、高保障的定期寿险。

第三步，准备选择投资产品。通过自己多年在国企积累的管理经验创办自己的事业，无论事业大小，只要能够收获就足以体现自己的人生价值。

当然泽凡目前的理财计划正处于第二阶段和第三阶段的过渡期，因为理财的第一步——储蓄做得比较好，而且至今坚持着，所以才使得一家人的生活越过越好。

泽凡在成功实现理财计划后，还不忘提醒身边的亲朋：储蓄是理财的基础，只有通过长期的储蓄才能实现长远的理财目标。

"财女"杨澜说过："我觉得财富带来最大的好处，是让你有不做自己不喜欢事情的权利，从这一点来说，财富是非常值得拥有的。"富人不一定是天生的，但是要想变得富有，年轻时就要早早学会理财的技巧。

2. 洛克菲勒：让钱生钱的富人代表
> > > > > > > >

洛克菲勒是人尽皆知的大富翁，他成为富翁的秘诀之一就是很早即学会了钱生钱的道理。大多数富人创富的秘诀就在于让自己的金钱在投资中进行无限制的膨胀，以钱生钱，只有这样，财富才会像滚雪球那样越滚越大。

在外企工作的曾琳比她的先生收入高，他们完全有能力奢侈一点。但是，也许是她未雨绸缪，觉得单纯花费很愚蠢，利用钱生钱的方式才是生活品质的最佳保证。曾琳不认为节俭就应该是每分钱都算计，而是从大处着眼，让花出去的钱得到高回报，这才叫做节俭。他们前年买了一套房子，买进的时候40多万元，装修了一下，租给了别人，每月5000多元的租金。两年间他们进了十几万元，今年房客搬走了，他们看看行情不错，便把这套房子以60多万元卖出。两年的时间，他们就等于多了一套房子的钱。由此可见，学会了如何让钱生钱，必将获利无穷。

约翰·洛克菲勒从小头脑里头就装满了父亲传授给他的生意经，他对金钱的敏感也与普通人不同。

7岁那年，一个偶然的机会，约翰在树林中玩耍时，发现了一个火鸡窝。他眼珠一转，计上心来。心想火鸡是大家都喜欢吃的肉食品，如果把小火鸡养大后卖出去，一定能赚到不少钱。此后，洛克菲勒每天都早早来到树林中，耐心地等到火鸡孵出小火鸡后暂时离开窝巢的间隙，飞快地抱走小火鸡，把它们养在自己的房间里，细心照顾。到了感恩节，小火鸡已经长大了，他便把它们卖给附近的农庄。于是，洛克菲勒的存钱罐里，镍币和银币逐渐增多，变成了一张张的绿色钞票。不仅如此，洛克菲勒还想出一个让钱生更多的钱的妙计。他把这些钱放给耕作的佃农们，等他们收获之后就可以连本带利地收回。一个年仅7岁的孩子竟能想出卖火鸡赚大钱的主意，不能不令人惊叹！

老约翰对儿子的行为大加赞赏，满心欢喜。在摩拉维亚安下家以后，他雇用长工耕作他家的土地，自己则改行做了木材生意。同时，不时注意向小约翰传授这方面的经验。洛克菲勒后来回忆道："首先，父亲派我翻山越岭去买成捆的木材以便家里使用，我知道了什么是上好的硬山毛榉和槭木；我父亲告诉我只选坚硬而笔直的木材，不要任何大树或'朽'木，这对我是个很好的训练。"

年幼的洛克菲勒如同一轮刚刚跃出地平线的旭日，在经商方面初露锋芒。在和父亲的一次谈话中，父亲问他："你的存钱罐，大概存了不少钱吧？"

"我贷了50元给附近的农民。"儿子满脸的得意神情。

"是吗？50元？"父亲很是惊讶。因为那个时代，50美元是个不算很小的数目。

"利息是7.5%，到了明年就能拿到3.75元的利息。另外我在你的马铃薯地里帮你干活，工资每小时0.37元，明天我把记账本拿给你看。其实，这样出卖劳动力很不划算。"父亲望着刚刚12岁就懂得贷款赚钱的儿子，喜爱之情溢于言表，儿子的精明不在自己之下，将来一定会大有出息的。果然不出所料，若干年后，他的儿子成为世人皆知的大富翁。

洛克菲勒称得上理财高手和赚钱圣手。他处处精打细算，寻找投资机会，既让钱生钱，又煅炼了自己的理财能力，真可谓高明。俗话说："富人钱生钱，穷人债养债。"富人们用钱生钱的本领让人惊叹不已。那么我们常人能不能学会投资，用钱生钱呢？答案是肯定的。

或许有的人又会说了，我就那么点钱怎么投资啊？还是存银行算了，而且安全。但是你有没有算过，投资和储蓄之间的回报率相差是多少倍？举例来说，你把500元存入一个年息5%的定期账号里，1年之后，你的钱帮你赚进25块钱。如果你每年投资500元于股市里，即使你到外地度假去，这笔钱仍将为你赚进更大的财富。平均说来，这笔钱每7~8年就会增值一倍。

成为富人的途径有很多种，但是学习洛克菲勒钱生钱的发家方式对每个想要成为富人的人来说是非常有必要的。也许你现在已经拥有了一笔可观的存款，看着存款上的数字，你满心欢喜，但是这远远是不够的。如果这样你就感到满足了，并安于如此，那你永远也不可能成为"洛克菲勒"。

3. 有钱不置半年闲，富人在金钱的流动中赚钱
> > > > > > > > >

一位富人曾对资金做过形象的比喻："资金对于企业如同血液之于人体，血液循环欠佳会导致人体机理失调，资金运用不灵就会造成经营不善。如何保持充分的资金并灵活运用，是经营者不能不注意的事。"这是富人的做法，但是很多生意人的做法就是把赚到的每一分钱都存起来，认为这样才是最安全、最妥当的理财方法，而这恰恰是富人从不会干的傻事。

有两个大学同学毕业后，相偕到同一家公司上班，担任类似的职位，领取相同的薪水，两人节俭的能力也差不多，因此每人每年都能存下同样数额的钱，用于投资。所不同的是两人的理财方式，其中一位将每年存下来的钱都存在银行，另一位将每年存下来的钱分散投资于股票。两人共同的特色是不太去管钱，钱摆到银行或股市就再也不去管它们。40年后，投资股票的那一位成为亿万富翁；投资银行存款的那一位成为"百万富翁"。

把钱存在银行就想致富，简直是难如上青天。资金只有在不断反复运动中，才能发挥其增值的作用。经营者把钱拿到手中，或死存起来，或纳入流通领域，情况则大不相同。经营者完全可以把钱用以办工厂、开商店、买债券、买股票等，把"死钱"变成"活钱"，让它在流通中为你增利。

杰克是美国一家软件公司的工程师，他从26岁时开始，将每个月薪水中的20%投于共同基金。这类基金虽然风险大一些，但是收益颇高，从

1934 年以来，平均年收益率为 13%。到 35 岁的时候，他与别人合资开了一个连锁店，收益也十分可观。到了 40 多岁时，他开始求稳，将投资于共同基金的钱取出来，投资于一种非管理型股本指数基金，年收益率为 10% 左右。

杰克仅将自己全部金钱的 10% 用于银行储蓄，因为美国银行的利率长期在 3% 到 6% 左右，远低于其他的投资手段。杰克今年 49 岁，预计 60 岁退休。目前，他准备开始将收入的 20% 用于退休金准备，再加上过去投资赚的钱，足以为自己的退休生活留下一笔相当可观的资金。

在这个世界上，可能没有比投资更好的赚钱手段了。攒钱的目的就是为了留住钱，而好的投资不仅可以留住钱，还能钱生钱。所以，想致富的人应该学习富人的投资手段，不要将钱全部存在银行，希望它增长一点微薄的利息，这样是赚不到钱的。其实在银行的存款只需要保证你每月的基本生活就可以，大胆地将剩余的钱拿来投资，你才能看到真正可观的利润，变成名副其实的富人。

曾经看过这样一个故事：有一个特别爱钱的人，他把自己所有的财产变卖以后，换成一大块金子，埋在墙根下。每天晚上，他都要把金子挖出来，爱抚一番。后来有个邻居发现了他的秘密，偷偷地把金子挖走了。当那人晚上再掘开地皮的时候，金子已经不见了，他伤心地哭了起来。有人见他如此悲伤，问清原因以后劝道："你有什么可伤心的呢？把金子埋起来，它也就成了无用的废物，你找一块石头放在那里，就把它当成金块，不也是一样吗？"

富人之所以富，一个重要原因就是他们懂得钱财必须产生滚雪球的效应，否则金钱如同废纸。这一点理财的根本观念对我们来说，是极其值得效仿的。沃伦·巴菲特是当今全球首富之一，他的财富秘诀就是将钱投资在股票里。他和美国其他小孩无异，都是从送报生开始做起，但他比别人更早了解了金钱的未来价值，所以，他紧守着得之不易的每分钱。当他看到店里卖的 400 元电视时，他看到的不是眼前的 400 元的价格，而是 20 年后 400 元的未来价值。因此，他宁愿投资，也不愿意拿来买电视。正是这样的想法，使他不会随意花费在购买不必要的物品上。

赫特是美国通用汽车制造公司的高级专家，他曾经说过："在私人公司里，主要目的并不是追求利润，最主要目的是把手中的钱用活。"富人都知道死钱是无法生更多是钱的，只有将手头的资金运转起来，才能从中获取更大的利润。在能保证日常生活不受影响的基础上，与其把钱放在银行睡觉，不如选择几种有效的投资方式，让金钱流动起来，这有助于你更早地踏上富裕的道路。

4. 富人看重"安全边际"，就算天塌下来也要保住本钱

> > > > > > > >

徐泰洙是韩国某消费信贷公司的总裁，掌管着数百亿韩元的流动。他在放贷、从中抽取利息的过程中，明白了一件重要的事情，那就是"如何保住本钱"比"如何收回利息"更重要，抵押物品不能成为保住本钱的保证，能保住本钱就是赚钱。众多投资者的经验告诉我们，赚钱很重要，但是保住本钱比赚钱更重要。

投资，资本是最重要的。绝对不能冒过大的风险，无论如何都要保本为先，这是投资的大原则。余下较小比例的资金，才可以用来投资回报较高但风险也较高的项目。总之，投资最要紧是保住资本，只有保住资本，才有东山再起的可能。富人们始终相信，最重要的事情永远是保住资本，这是他投资策略的基石。

徐泰洙退役之后到日本积累工作经验，发现到处都是消费信贷的广告，ACOM、PROMISE等知名消费信贷公司的自动交易店铺，在日本地铁站附近随处可见。于是他想："总有一天，韩国公民对于消费信贷企业的否定性认识会有所改变，消费信贷产业一定会成为朝阳产业。"他决定先在日本试一试。

首先他瞄准了在日本的韩国留学生，向他们提供小额贷款。积累了部分资金后，他开始在日本的韩国人聚居地做广告，逐步扩大自己的事业。他只做小额信贷生意的理由，并不是因为没有能力提供大额贷款，而是他有因此连本钱都收不回来的经历。

回到韩国以后，他正式进军韩国消费信贷行业。他说："公司越来越大，我不停地思索，创造出那些能很容易地回收本钱的消费信贷产品。"所以，他的主打产品是无抵押、无保证、无"先利"的小额个人消费信贷商品。小额信贷的好处之一是由于其金额小，在无抵押、无保证的情况下亦可贷出；其二，回收的可能性比大额信贷要高得多，而利息却比大额信贷要高。万一连本钱都收不回来，他只需稍稍提升一点利息，就能将损失转嫁到其他顾客身上去。

杨怀定在《炒股大王秘籍》入市八要中曾提到："投资要规避风险，有风险时，宁可不赚，也要保住本钱。"这与股神巴菲特的投资方式有着异曲同工之妙。巴菲特纵横股市40年，却一次都没有赔过本。主要有两个重要的投资法则：一是永远不要赔钱；二是永远不要忘记法则一。很多投资者认为，投资就是为了赚大钱，结果常常连本都保不住。做事业如果连本钱都保不住的话，肯定坚持不了多久就要关门大吉了。所以，有很多时候，保住本钱就是赚钱。

嘉义从未涉足过投资，但是最近有了买房的计划，就想从股市中捞一笔。好在，身边的很多朋友都是股民，而且对于炒股都有自己独到的见解。于是他挨个打听，听朋友进行分析。最后在朋友的极力推荐下，他将十万元交给了其中一个朋友，让他帮忙炒，

在满心期待中，他隔三差五就像朋友打听情况。刚开始听到的都是振奋人心的消息——还在涨，再等等。可是渐渐地，朋友的底气越来越不足。眼看着股价已经退到了原位，没有了赚头，嘉义十分着急，让朋友赶紧抛售。可是朋友不甘心，说还是再等等吧，说不定很快就能翻盘呢！嘉义死活不同意，无奈的朋友只好拿出十万元给了他，那只股票就是朋友的了。临了，朋友还严厉地告诉他："到时候赚了钱，你可别怪我没有提醒你！"

之后不久，股价一下子又涨了回去，朋友十分高兴地把消息告诉了嘉义；可就在他稍稍感到惋惜的时候，一夜之间，全部跌停。朋友后悔莫及捶胸顿足地向他抱怨，还不分青红皂白说他是不是提前得到了消息。嘉义看着赔了那么多钱的朋友，直说了一句话："我不懂炒股，你也可以说我胆小，但是我宁愿不赚钱也不能做赔本的投资。如果本钱都没有了，再想

赚钱就更没希望了。"朋友听后若有所思。

的确如此，本钱是投资赚钱最重要的一环，如果连本钱都赔光了，还拿什么发家呢？所以，投资虽然要承受风险，但市场确实是风云变换不可捉摸的，绝不能光凭着胆大去赌一把。富人在投资的时候肯定会谨慎又仔细，他们想方设法也是要保住本钱的，因为那是再创富的资本。因此，在确定投资有风险之前，一定要及时刹车，先保本再说。

5. 富人坚持独立思考，不盲目听信投资专家的建议
> > > > > > > >

随着广播、电视、网络媒体开设的股评节目越来越广泛，很多投资者常常将投资专家的话视为金科玉律；尤其是那些急于赚钱却又不懂投资的人，更是两眼一抹黑。于是投资专家的话就成了他们航行中的灯塔，指哪走哪，结果往往导致"阴沟里翻船"，悔不当初。有些人会因此得到一些教训，不再偏听偏信，可是有些人却总是认为自己倒霉，过后还是跟着专家的话继续投钱。

我们看看那些有名的富人，他们的投资金额和投资范围都比一般人要大要广，可是亏损的几率却是占少数。原因就是他们从不盲目听信所谓投资专家的建议，而是用自己的思维、经验去认真分析，再结合专家的建议，认准之后再广撒网，结果当然是赚得喜笑颜开。

彼得·林奇在刚被任命为麦哲伦基金经理时，因为他当时过于相信一位股评专家的建议，所以失去了一次很难得的投资机会。有了这次挫折，他就再也不轻信所谓的投资专家、股评专家和资深证券人士的分析了。彼得·林奇认为，虽然对股票市场有影响的多个因素之间是相互作用的，但这根本不能表明投资大师的理念和金融学上的投资定律，能够预测出利率的变化方向和股票的涨跌。

这次事件之后，彼得·林奇经常说："一个人的投资才能不是源于股票投资专家本人，因为你本身就具有一定的股票投资知识。如果你能运用

好这些知识，投资你所热爱和熟悉的上市公司，你就能够从股市中赚钱，甚至你的赢利比那些股票投资专家还要多。"

曾经有人问巴菲特：如果出现问题的话，你去请教什么人？巴菲特回答说："投资成败一定源于思想层面的深刻领悟。所以当真正出现问题的时候，只有对着镜子说话。"所以，在他漫长的投资生涯中，一直恪守一个观点："决不人云亦云，决不盲目跟风，决不丧失自己坚持的理念。"他始终相信自己独有的准确判断力和预测水平。所以对于投资者来说，必须具备独立思考的能力。

大学刚刚毕业，巴菲特先到父亲的公司工作。他主要是负责向客户们推荐增值的股票，然后从股票的赢利中抽取自己所得的佣金。在这个岗位上，他表现出了不同凡响的独立判断能力和观察力。

当熟悉了具体的业务之后，巴菲特就认真地研究和分析，选中了一只名为 GELCO 的股票，政府公务员保险公司的一只股票。为了保证自己的判断正确，他亲自跑到这个公司去打探消息，了解公司的实际状况，做到了心中有数。

但是，当他向公司提出购买意见的时候，除了公司内部不同意之外，所有他咨询过的专家们都断然否决了他的想法。几位保险业的前辈认真地告诉他，说他过高地估计了这只股票的价值。于是，巴菲特再次严密地分析了这只股票，计算出股票的毛利率将能够达到 5 倍之多，从中获利是无疑的。他没有犹豫，在没有人相信的情况下，依旧对自己保持自信。他自己拿出 10000 美元购买了这只股票。局面逐步打开，一些客户也开始投资 GELCO 股票。

巴菲特的判断果然没有错，不到两年时间，GELCO 股票就攀升了 2 倍之多，他也净赚 5000 多美元。当所有人都很惊讶的时候，巴菲特说了这样一句话："作为一名职业的投资管理人，我没有必要让客户来左右我的思维。我要永远相信自己的判断，坚持自己的理论。我能看到的，别人看不到，所以我是投资的超前者，是真正高明的资金管理人。"

罗素有一句名言："重要的是思考。"然而生活中大多数人在投资的时候根本就不思考，只是选择参考，然后听专家们怎么说就怎么做，或者直接跟风投资。但是要想成功，一定要学会独立而正确的思考。

当然，专家们的话的确有其独到之处，都是专家深思熟虑经过详细分析之后得出的结论。我们可以从中提取一些有用的信息，通过借鉴来拓宽自己的视野。但是绝对不能盲目执著，只听信某一种具体的结论。作为一个成熟的投资者，一定要记住一句话："不可不信，不可全信"。因为任何一个专家都和你一样，没有预测未来的能力。

6. 富人也把鸡蛋放在一个篮子里

> > > > > > > >

在投资界有一句至理名言："不要把鸡蛋放在一个篮子里。"几千年来很多投资者也都信奉这个原则，但是富人们却并不这么认为。早在1885年，安德鲁·卡内基就说过"要把所有的鸡蛋都放在一个篮子里，然后看紧它"这样的话，这位深谙经营之道的"钢铁大王"，用实际行动证明了来自古老中国的另一个智慧——"集中优势兵力"。

很多商家都用事实证明了这一点，比如美国西南航空公司如不舍弃货运舱、头等舱、国外航线等一块块的"肥肉"，专心做它的商业舱、经济舱、国内航线，它就不会存活到现在；比如诺基亚若不舍弃电脑、MP3等其他产品，它就不会成就今天的辉煌。当然，要成功地把鸡蛋放在一个篮子里，就要懂得舍弃的重要性。舍弃就是盯住一个"点"用力，而不是把力气分散地用在整个"面"上。

刚入股市的时候，赵斌对报纸、电视上股评专家的话"唯命是从"。专家说：要分散投资，多买几种股票，千万不要把鸡蛋放到一个篮子里。

赵斌信了——专家的话错不了！于是，他就把入市的钱，分散在几十只股票上。要是遇上大盘涨，那是没得说，都涨；遇上大盘横盘微跌，也有三五只翻红的，但总体来看还是都差不多，这倒也没什么。可是，一旦遇上大盘快速下跌或是突发事件，赵斌这几十个篮子可就乱了套：挂完这单挂那单，往往是刚挂上还没成交，大盘和股价又持续往下掉，那就得再撤了挂、挂了撤……

一阵忙活，一身冷汗，他回过头来一看，这几十个篮子个个是鸡飞蛋打。痛定思痛，赵斌就琢磨着，专家的话也不一定是放之四海而皆准的玉律，特别是在大盘暴跌的时候，篮子多了肯定误事，得改法子。

后来，赵斌再入股市的时候，就只拎一个篮子，最多两个。这样一来，效果还真出来了。首先，盯盘轻松了，不用像以前一样，眼巴巴地盯着几十个篮子，现在只需专心地看着一个就行，甚至有时间还每天做它一个小波段：把K线图调到五分钟甚至是一分钟上，当盘中出现快速反弹冲高的时候，盯着MACD等指标，一旦出现分时头部，就抛出来一半，然后等到指标调到相对底部的时候，再把抛出的股数接回来。这样，一般能做出两三毛钱的差额来。此时，赵斌账户中的股数虽然没多，可是，户头上的资金余额可就见长了。运气好的时候，一天还能做出百分之五六的短差来。

赵斌说："把鸡蛋放到一个篮子里，还有个天大的好处，就是遇到突发事件，大盘暴跌，需要清仓回避的时候，打开篮子，不出三秒就能全部抛光，就是再灵便的机构庄家，也不可能比我跑得快！"

沃伦·巴菲特说："不要把所有的鸡蛋放在同一个篮子里是错误的，投资应该像马克·吐温建议的那样，把所有的鸡蛋放在同一个篮子里，然后小心地看好它。"巴菲特一生主要投资了22只股票，一共赚了320亿美元。他认为多元化是针对无知的一种保护，对于那些知道自己正在做什么的投资者，多元化投资策略是毫无意义的。不光是投资，做生意也同样如此。

有一个销售卫浴产品的经销商，曾把这个省会城市运作得风生水起，排在厂家年底表彰的优秀经销商行列。销售时，经销商发现很多顾客要连带购买橱柜和衣柜，他只能把顾客推荐给其他橱柜和衣柜品牌。但他又不想给别人做嫁衣，让赚钱的机会白白从身边溜走，就先后代理了一个橱柜品牌和一个衣柜品牌。本以为生意会越做越大，但事与愿违，他的生意每况愈下：卫浴厂家对其销售开始不满，率先发难，在省会重新招了一个卫浴新商，和他形成恶性竞争；橱柜厂家也对他销售低迷、不能完成厂家的年度任务非常不满，也拟取消他的经销资格，重新在省会招商。于是，这位经销商进入了进退两难的困境。

费雪的儿子肯·费雪，也是一位出色的资金管理家。他是这样总结他父亲的哲学的："我父亲的投资方略是基于一个独特却又有远见的思想，即少意味着多。"可见，分散投资做得越多，不见得就能大获全胜，也不见得就是最保险的。有时候专心致志地盯着一项投资、一项生意反而会赚得更多。

7. 富人相信复利投资的力量

> > > > > > > >

我们都知道，当今世界最可怕的武器是核武器。核武器的原理是核裂变，核裂变时会产生巨大的核能。核能的理论基础是科学家爱因斯坦创立的，当有人问他：世界上最大的力量是什么？爱因斯坦却回答说：不是核爆炸，而是"复利"。聪明的富人都会用复利的方式赚钱。也许有人会问什么是"复利"？这里可以通过一个故事来说明。

有一对好朋友——甲和乙。甲从20岁起就每个月固定投资500元在基金上，假定该基金平均年回报率约12%，每年投入的本金共有6千元。26岁时因为买房子还房贷停止了投资，一共投资6年。但他并没有赎回基金，而是让本金继续增值，结果到60岁要退休时，连本带利已经累积了260万元。

乙到26岁时才认识到理财的重要性，并开始进行投资，同样是每月拨出500元，投资同一只年平均回报率约12%的基金。就这样，整整投资了34年，到60岁时，也才累积了260万元。

甲比乙早6年开始投资，投至6年便停止了，后者却花上34年的时间才有同样的结果，这就是长期复利的魔力。很多人都在问，为什么越富有的人越是有钱？这是因为富人们除了懂得经营自己的产业之外，还懂得运用复利赚钱的效果。富人们在赚到钱之后，绝不会因为一点甜头就忙着买战利品，因为他们知道战利品带来的喜悦只是一时的，而复利带来的快感却是任何东西都无法代替的。

1626 年，荷属美洲新尼德兰省总督 PeterMinuit 花了大约 24 美元从印第安人手中买下了曼哈顿岛。到 2000 年 1 月 1 日，该岛的价值已经达到了约 2.5 万亿美元。以 24 美元买下曼哈顿，PeterMinuit 无疑占了一个天大的便宜。但是，如果转换一下思路，他也许并没有占到便宜。如果当时的印第安人拿着这 24 美元去投资，按照 11%（美国近 70 年股市的平均投资收益率）的投资收益计算，到 2000 年，这 24 美元将变成 2380000 亿美元，几乎是曼哈顿岛现在价值 2.5 万亿的十万倍。如此看来，PeterMinuit 是吃了一个大亏。

究竟是什么神奇的力量让资产实现了如此巨大的倍增？是复利。长期投资的复利效应将实现资产的翻倍增值，爱因斯坦曾经说过："复利是世界第八大奇迹，因为它揭示了财富快速增长的秘密。"一个不大的基数，以一个即使很微小的量增长，假以时日，都将膨胀为一个庞大的天文数字。那么，即使以像 24 美元这样的起点，经过一定的时间之后，也一样可以买得起曼哈顿这样的超级岛屿。

有一个普通的工薪家庭，夫妇俩都是基层员工，一直干到退休。这期间要供三个孩子上学，并把他们养大成人，帮助其成家立业；还要给两个老人送终，花销实在不小，所以日子虽然一直过得不太宽裕，但也没有明显紧张。

后来，他们考虑到许多人家的儿女在父母过世后为遗产问题闹意见，决定提前分割遗产。他们把存款分为四份，每份 8 万元，他们自己和三个儿女各得一分。

三个儿女都大吃一惊，他们知道父母都是老实本分的人，绝不会做偷盗人财的事，也没有贪污腐败的机会，又没有其他外快；以二老的收入，应付那么多开销，攒下一二万元钱就不容易了，没想到竟然攒下 30 多万元，那是完全不敢想象的事。

询问原因，其实二老也没什么巧招。从结婚起，二人就约定，每月省吃俭用，攒下一点钱，或存银行，或买国库券。有时银行利息比较低，但有几年比较高，曾达到过 12。于是，他们的存款利滚利，日益多起来了。

这对夫妇仅凭不高的收入，多年来持之以恒，竟然能够实现小康，由此可见复利的魔力。其实，许多大富翁赚钱的方式，归根到底，也不过是善于运用复利而已。

"股神"巴菲特积聚 400 多亿美元的财富，其过程，就是每年使自己的财产增加百分之十几。于是雪球越滚越大，滚到了世界首富的位置。我们不需要做到像巴菲特一样，只要你每个月攒下一笔钱，哪怕每年增加5%，当你退休的时候，就会发现你的存折上数字是惊人的。这就是富人的秘诀：攒钱，然后看着自己的钱慢慢增长。

8. 负债也是资产——富人巧用债务来理财

> > > > > > > > >

陆凯今年33岁，是上海交通银行的高级白领。去年结婚后，出于对未来的考虑，他以自己的名义购买了一套公寓，之前他一直和父母住在一起。父母心疼孝顺的儿子，想给陆凯一些金钱上的帮助，但是他拒绝了，并选择了从银行贷款。陆凯年薪十二万，既不接受父母的资助，还要从银行贷款买房，着实让人费解。对此，陆凯说："负债也是一种资产。"

其实陆凯这么做的原因很简单，只要活用负债，也能发挥出良好的"杠杆效应"。也就是说，只要"引子"用得好，负债也能成为一种"资产"。所谓的"杠杆效应"，就是将从他人处借来的钱作为杠杆，增加自有资本的利润。比如，你用自己的十万元赚到了一万元，那么，自有资本的回报率为10%；但是，倘若用自己的 5 万元和借来的 5 万元投资赚了 1 万元，那么自有资本的获利率就是20%。"

世界最大的零售卖场沃尔玛创始人山姆·沃尔顿在讲述自己的成功秘诀时说过："沃尔玛之所以能够迅速发展，得益于各卖场的销售业绩良好，这是事实。除此之外，活用银行贷款和就近招商也是沃尔玛成功的重要原因。"

山姆年轻的时候，向银行贷款的原则就是能贷多少就贷多少。因此，沃尔玛的规模越大，债也就像滚雪球一样越滚越多，甚至到了从一个银行贷款来还前一个银行债务的地步。但是，山姆知道如何将债务高效运转起来，并最终使自己的卖场登上全球第一大卖场的位置。

如今，《福布斯》杂志所选定的全球十大富豪中，就有5人是沃尔玛的大股东——山姆·沃尔顿的家族成员。

在很多传统的人眼里，不管做什么都不要轻易向别人借钱，尤其是一些胆小的生意人。他们宁愿过贫苦的日子，也不肯向他人或者银行借一点本钱，因为他们认为借贷是一种不良的行为，是非常让人瞧不起的。当然，如果借钱不是为了正事，的确让人发指，但是假如是为了增加自己的资产，却是很多富人的必经之路。

美国商界大亨洛维格是一个成功的范例。9岁时，他发现一艘沉入水底的小汽船。他用自己打零工的钱，再加上向父亲借的钱，凑了25美元，买下了这艘沉船；然后把它打捞上来，花了一个冬天将其修好并出租，赚了50美元。这是他第一次发现借钱的作用，但真正懂得借钱的价值，并创造性地借钱生利，还是在他40岁时。

当时，他准备借钱买一艘货船，然后把它改装成油轮，以赚取更多利润，因为载油比载货更有利可图。他到纽约找了好几家银行，但人家看了看他磨破的衬衫领子，便拒绝了他。于是，他想了一个办法：他原有一艘油轮，以低廉的价格包租给了一家石油公司，然后拿着租契再去找银行，告之其租金可每月转入银行来分期抵付他所借贷的款项本息。银行考虑了这个看似荒诞不经的借款方案，尽管洛维格没有资产信用，但石油公司却有着良好信誉。银行每月收租金，刚好可以分期抵付贷款本息，银行并不吃亏。就这样，洛维格巧妙地利用石油公司的信誉为自己贷到了款，如愿地买了一艘船。因此，每当一笔债付清后，洛维格就成了某条船的主人。他的资产、信用以及他的衬衫领子，都迅速改善了。

洛维格更巧妙的借钱策略还在后面。他设计一艘油轮，在还没开工时，就到处找人，答允在船完工后把它租出去。他拿着租约，去找银行借钱银行要船下水之后，才能开始放钱。只要船一下水，租费就可转让给银行，这样，贷款也就可以分期付清了。这种想法，开始时使银行大大吃惊，因为洛维格等于是在无本生利，他一分钱不用出，靠银行贷款来造船，又靠租船的租金来还贷款。但银行最终还是同意这样做，这不仅因为洛维格的信用已没有问题了，而且还有租船人的信用加强了还款保证。洛维格就靠这种方法，建造了一艘又一艘船，他的造船公司也逐渐成长起来。

由此可见，负债并不一定是坏事，只要你有聪慧的经商头脑，善于经营，负债也能变成可观的资产。如果你还羞于"借钱"，害怕负债，那么要趁早改变这样的观点，因为只有当你真正明白了"借钱生钱"的效用并主动去运用的时候，你才能成为真正的富人。

9. 保险——富人给财富穿的"救生衣"
> > > > > > > >

一提到保险，有些人就会产生反感的情绪，因为在他们的意识里，买保险就是在浪费钱，完全没有必要。然而富人却不这么想，他们认为保险是一种具有远见的理财方式，也是自己的保险绳，尤其是在拥有了一些巨大的资产之后，保险更是会让人心中安定不已。

王永庆很有钱，李嘉诚很有钱，甚至已经富裕到自己都可以开保险公司了，但为什么他们还都买了上亿元的人寿保险呢？李嘉诚说："别人都说我很富有，拥有很多财富。其实真正属于我个人的财富是给自己和亲人买了足够的保险。"之所以这样做，是出于个人保障的目的，在很多时候都是非常需要的。对于富人来说，保险的效用主要体现在以下三个方面：

首先，保险可以隐藏自己的资产。

很多成功人士在自己的事业稳定之后，就开始规划自己的功成身退的路线图。未雨绸缪的富人都会提前隐藏和转移一部分资产，因为他们随时都有可能面临企业危机和家庭危机。任何一个发生了危机，在买了保险的情况下，就不会再临时手忙脚乱，财富就会得到完善的保障。谁都不可能预测未来，一旦风险来临的时候，产业、股票、房产、古董、金条等资产，不仅不能保证安全，而且可能会成为争夺的直接焦点。但是如果将这些有形的资产转移成了保单，就能够轻松地将自己的财产转移。

例如：一位亿万富翁只有一名独生女，他将来的财产肯定全部归她所有。但是他无法在女儿的众多求爱者中分辨出谁是为钱而来，即使那些不是为了他的财产，也不能保证今天被女儿选中的丈夫，在他死后不会侵吞了他的财产后将女儿抛弃。所以他悄悄购买了一张巨额保险，将他的女儿指定为唯一的受益人，这就避免了他之前所有的担忧。

其次，可以用来躲避债务危机。

大多数国家都会有这样的法律条款：保险保单当中的现金价值，不受民事债务纠纷的追偿（被认定为刑事犯罪的转移资产行为不受此保护），我国的《合同法》第73条也有相关的条款。

企业如果遇到债务纠纷要打官司，法院所做的第一件事就是先冻结企业名下的资产，对于需要承担无限连带责任的私营企业和合伙制企业，甚至会冻结企业家个人名下资产。此时唯一不被查封、并且受法律保护、企业家仍然可以动用的财产，就只有保单中的账户价值。这也是为什么在发达国家，企业家、大律师、都会投保高额寿险的原因。

最后，可以利用保险来规避税收。

保险是非常好的免税工具，既保证安全，还可以有效规避遗产税。

如：比尔·盖茨拥有几百亿美元的资产，但是他却把绝大部分的财产都拿来做慈善了，仅给一子一女各留了几千万美元的遗产。很多人对他的这种行为非常不理解，可能大多数人都这样想：自己辛辛苦苦打拼来的血汗钱，就应该留给自己的子孙后代享用，怎么会捐给外人呢？只要我们看一下美国遗产税的税率表就能立马明白，盖茨的做法实在聪明之极。美国遗产税最低税率为18%，而最高税率为55%。

买保险的富人说："我考虑更多的是风险投资，一旦发生风险，家人、事业怎么安排？还包括一些未了的事情，我必须有一大笔钱做安排。不出意外一定可以赚钱，这是一种自信；但是一旦出了人身风险，必须把风险变成收益。所以我实际上把买保险当成一种被动的风险投资，用风险来赚钱。"的确，谁都不知道未来会出现什么样的情况，而保险不仅是富人必要时的"救生衣"，对于普通人来说，保险同样有此效用。完善的保险可以为我们带来保障，所以有条件的话，不妨根据自己的实际情况选择适合自己的保单。没有了后顾之忧，自然就能全身心地投入到事业和家庭中，安心奋斗，安心享受。

偷

—富人不说却默默在做的99件事

学

第十二章

chapter 12

富人重节流，高收入不一定成富翁，真富翁却会低支出

1. 富人致富的关键步骤：让存款成为习惯

> > > > > > > >

16岁开始闯荡商界的洛克菲勒，是世界闻名的石油大王。他成功的基础，就是他此时开始养成的存款习惯。在他刚开始工作时，也只是在一家商行当记录员。当时虽然收入不多，月薪只有40美元，可他仍然把大部分钱积蓄起来，为日后的投资做准备。两年后，他小有积蓄，便开始做腊肉和猪油的投机生意，成为一个小有资本的商人。这时他仍然保持着储蓄的习惯，他还要积攒更多的资本，做更大的投资。

很多富人都同洛克菲勒一样，不管每个月挣多少钱，都会拿出固定的资金存储起来。当然他们是不可能靠这一点一滴的储蓄发财的，之所以存款，就是为了将来有机会挣大钱的时候不至于没有本金。不过，很多人却始终不明白这个道理，尤其是一些年轻人，甚至是月月挣，月月光，等到急用的时候却急得像热锅上的蚂蚁。

高兴大学毕业后，先是进了一家软件公司，之后又跳到了一家大型的留学中介。算起来工作已3年了，毕业后工资也不算低，但是始终没有存下钱来。朋友几次跟他说，一定要把工资的五分之一用于储蓄或者投资。这样的话，万一以后有个什么突发事件，或者想要进修，就不会太被动。

每每这个时候，高兴总是说："我知道，但是现在一个月到手的就只有4000元，每个月房租1000元，吃饭1000元，买书买碟500元，交通300元，再加上电话、购置衣物、朋友聚会，怎么能省下钱？月光是不用说了，没有负债就不错了。再说了，不趁着年轻的时候好好玩，每个月存个五六百块钱有什么用？最最重要的是要找个好工作，否则再怎么省钱也没有用！"

可是，最近高兴却深刻体验到储蓄的重要性了。去年9月，他打算换一个工作，于是就辞职了。原先觉得找工作是一件轻而易举的事，不料一直没有找到合适的，一个月后就处于弹尽粮绝的境地了。高兴打趣地说，现在成为彻头彻尾的"负翁"了，早知今日，当时每个月就应该多多少少存一点钱，至少现在基本的开销不存在问题，不会为下一步该问谁借钱而烦恼。

也许现在很多人都和上面故事中的高兴一样，认为存储没有必要，而且每个月挣的钱本来就少，哪里还有余钱存储起来呢？其实，就算你每个月只挣一千块钱，哪怕只存100，久而久之，也会有大大的用处。所以，为了让自己有一个好的将来，或者你想早日成为有钱人，那么就从这一刻起，开始你的存储计划。千万别小看每一次增加的数字，只要你长期坚持下去，就能聚沙成塔。

陈锦是一个非常有才华的年轻人，他每个月赚很多的钱，对自己充满信心，认为没有什么解决不了的难题，所以每个月都将挣的钱花个精光，直到结婚后依然如此。可是突然有一天，他的妻子得了重病，需要做一次大手术，需要花很多的钱。但是医院有明文规定，如果不事先交钱，手术是不能做的。

因为他平常没有一点储蓄，只好去借钱。好不容易凑够妻子的手术费，命是保住了，随之而来的是妻子的复健、疗养，这些都需要花钱。他的孩子还在上学，最近也经常生病。陈锦饱受妻子和孩子病痛的折磨，在工作上连连出错，业绩越来越少，最后惨遭公司辞退了。

这原本是一个可以避免的悲剧，如果陈锦懂得储蓄，他挣的钱完全够家人使用，甚至还可以拿出一些来做投资。可就是因为他没有存储意识，才让自己和家人陷入了如此窘迫的境地。我们永远也不可能知道下一刻会不会需要用钱，所以，从你开始挣钱的那一刻起，就应该而且必须养成良好的储蓄习惯，即使没有什么积蓄用钱的地方，你把那些钱用来投资，让自己和家人生活得更好、更舒服，不也是人生的幸福吗？相信每个人都想成为一名成功的、受人仰慕的富人，那么你要做的第一步就是开始你的储蓄计划。

2. 比尔·盖茨也会省停车费
——富人对不该花的钱非常吝啬
> > > > > > > >

　　谁都知道比尔·盖茨是世界首富，但是他的节俭也是出了名的。据说有一次他开车去见一个朋友，稍微晚了一点，饭店的停车场都停满了。服务生建议他把车停在贵宾区，停车费自然比一般场地的要高。盖茨觉得这样做纯粹是浪费，于是不肯同意。那位朋友见状，便提出由他支付多出来的停车费，但盖茨还是不同意。他说："我不是缺这些钱，而是觉得完全没有必要把车停在贵宾区，白白多花停车费。至于这多出来的停车费是你付还是我付，都改变不了浪费的事实。"最后，盖茨还是找了个空地，把车停在了普通停车区。

　　很显然，盖茨并不是缺钱才这么做，而是他有着大多数富人共同的习惯——再有钱也要学会节俭。香港环球航运集团主席包玉刚说过："懂得节俭，才会时时注重节约成本，并完成节俭和成本二者的聚变。不要跟那些与花费目标有关系的人一起休息。"真正的富人知道如何将自己的财富发挥到最大价值，而不是白白地浪费掉。

　　王永庆在事业上取得了如此辉煌的成就，但是他一直保持着刻苦节俭的习惯。

　　有一次，王太太发现丈夫的腰围缩小了，平常穿的西装显得不太合身，特地请了裁缝师傅到家里给他量尺寸，准备给他定做几套合身的新西服。没想到，王永庆却从衣柜里拿出几套已经很旧的西装，坚持请裁缝师傅把腰身改小，而拒绝定做新的。他认为："既然旧西装还是好好的，改一改就可以穿了，又何必浪费去做新的呢？"

　　除此之外，王永庆出国出差都只肯坐经济舱，到了目的地以后，也不愿住五星级宾馆，大多住在当地的台塑集团招待所里，就连外出时用的小轿车，也反对使用豪华车。

很多人对王永庆的做法始终不理解，但是他对此却有自己的独特见解。他说："我幼时无力进学，长大时必须做工谋生，也没有机会接受正式教育，像我这样的一个身无专长的人，永远感觉只有吃苦耐劳才能补其自身的不足。而且，出生在一个近乎赤贫的环境中，如果不能吃苦耐劳简直就无法生存下去。直到今天，我还常常想到生活的困苦也许是上帝对我的恩赐。"

娃哈哈公司董事长宗庆后说："节俭不只是说说而已，它常常体现在许多细微的地方，老板要付出非常代价。整天花天酒地的老板，肯定做不长、做不大。真正的老板都是俭朴的。"的确，做生意就是要守住每一分不该花的钱，这样才能够把钱球滚大，也才是生财守财之道。

瑞典宜家公司创始人英瓦尔·坎普拉德以280亿美元净资产，在2006年度《福布斯》全球富豪榜上排名第四。然而，这名在30多个国家拥有202家连锁店的家居用品零售业巨头，却被瑞典人叫做"小气鬼"。对于被扣上"小气"的帽子，坎普拉德大度地说了句："我小气，我自豪。"

坎普拉德至今仍然开着一辆已有15个年头的旧车，而且乘飞机出门向来只坐经济舱，甚至有人常看到他在当地的宜家特价卖场买便宜货。不仅如此，他基本不穿西装，而且总是光顾便宜的餐厅，还会为买了一条像样的围巾、吃了一顿瑞典鱼子酱而心疼老半天。

坎普拉德在接受瑞士广播公司电视采访时说："人们都说我小气，我不在乎大家这么说。我小气，但我很自豪。我在遵守我们公司的规定。"在公司，他向来要求员工用纸的正反两面写字。节俭，是宜家公司员工从上到下奉行的传统。

在瑞士定居近30年，坎普拉德家中大部分家具都是便宜好用的宜家家具。对于坎普拉德来说，省到一分钱就是赚到一分钱，而且这些钱还将派上大用场。"我们赚到的所有东西都需要有所存留；我们还要壮大宜家集团；我们需要几十亿元瑞士法郎投入到中国和俄罗斯市场。"他说。资金除了用于拓宽市场，还有其他用途比如向瑞士洛桑市艺术学校捐献37.99

万美元等等。

正是因为坎普拉德如此节俭，宜家才能从当年瑞典农庄里的一间"小铺"，变成全球最大的家居用品零售商。

富人节约勤俭，不是没钱，而是他们深知挣钱的辛苦和艰难。不要认为你现在有了享受的资本，就大肆挥霍，毫无节制，这种习惯是要不得的。千万不要小看小小的一分钱，薄薄的一张纸，凡事积少成多，很多富人都是在一点一滴的积累中成长起来的。富人尚且如此，还没成为富人的你更应该时时节俭。

3. 富人在穷困的时候也不会为消费负债
> > > > > > > >

泰勒·巴纳姆出身卑微，从杂货店店员起家，后来创立了世界上最大的联合马戏团，成为世界上最有钱的人之一。他的财富理念和积累财富的方法与众不同。他给我们指出了一条创造和积累财富的最简单可靠的方法，其中有一条讲的就是"小心为消费负债"：有一个乡下的富翁教育他的儿子说："千万别去赊账，非赊不可的话，就去赊点粪肥，它们可以帮你还账。"这话的意思是说，如果你万一要赊账要举债的话，也应该是为了投资，为了赚更多的钱，积累更多的财富。如果仅仅是为了吃吃喝喝，穿好的吃好的，住大房子，开好车子，在人们面前打肿脸充胖子，那么千万不要去举债。

生活中为了吃喝玩乐的奢侈消费到处向朋友借债的事情时有发生，为了买一套高档的衣服，为了买一个名牌包而厚着脸皮去借钱，真是一个十分不明智的举动，不过这却是一些人经常干的事情。

贾玉林在一家国有企业上班，非常赞同超前消费的观念，而且是一个十分好面子的人。看着身边的亲戚朋友都住进了新房，他心里早就不是滋味了。正好碰到单位集资建房，他毫不犹豫就从银行办理了15万元的住房贷款，一次交清了购房款，拥有了自己的住房，非常高兴。

但是，过了半年之后，贾玉林开始感受到贷款的压力。他和妻子都是工薪族，两个人的月薪加起来也不过5000元，每个月扣除家庭的生活支出，只有不到2000元的结余，而偿还贷款本息一项支出就将近2000元了。高额的住房贷款让家庭日常生活开支常常捉襟见肘，全家人不得不节衣缩食，恨不得一分钱当成两分钱花。

虽然改善了住房条件，但是贾玉林一家的总体生活质量却下降了很多，他也必须承受这巨大的心理压力，艰难地偿还着15万元的贷款。

马云在刚刚创业的时候，告诉自己，无论怎样都不能向家人、朋友借钱，失败了就是失败了。凭着这样一股信念，他最终将自己的事业经营得有声有色。这是有钱人的特质，即使被逼上了绝境，在有法可想的情况下，也绝不会轻易向他人伸出求援之手。可是这些事若要发生在另外一些人的身上，只会出现两种情况：一是放弃不干；二是借钱。这样做的结果，只会让他们养成不好的习惯，而一旦习惯了依赖他人，那么在成功之路上也就走不长了。

这还是投资的时候出现的情况，还有一些人却是在平时的生活中就举债消费，而这种人连成功之门都不会为他们打开。如果你想成为富人，一定要树立正确的消费观念，千万不要为了满足自己的虚荣心而向亲朋好友、或者银行借款来消费，这样做只能让你在一时的快乐之后背负长久还债的痛苦。

金铃子在周围的人都拿着信用卡到处逛商场的时候，开始了自己艰难的创业之路。她的创业资金都是自己大学四年期间打工挣来的，在毕业之前她就决定要在学校附近开一家首饰店。

她是美术系的高材生，从小就喜欢编织饰品，比如项链、手环之类的。由于学校的位置在繁华地段，所以租门面就花去了她大半的积蓄。买完所需的物品，她口袋已经所剩无几，如果首饰店不能快点盈利的话，她连基本的生活都不能保障了。

开张之后，门可罗雀，三天总共才卖出去三百块钱。为了方便与供货商联系，她打算买一部手机，可是三百块钱根本就不够，她只能咬牙花一百五十块钱买了一个最老式的二手手机。再交完50块钱的话费，只剩一百块钱了。可是生意依旧没有好转，但金铃子并没有放弃，也没有向家人借钱，因为她知道，一旦开口求救，自己的意志力就会瓦解。在整整吃了一个月的馒头咸菜之后，生意终于有了起色。

现在金铃子的首饰店已经开了三家分店了，虽然期间因为金融危机差点倒闭，资金一时周转不灵，但她还是没有借钱，所有的艰难都被她化解了。身边的人都说她太倔，怎么都不愿接受帮助，她却笑笑说："负债虽然能够解决一时的危机，但是却会让我产生松懈，同时也会让我有压力。与其这样，不如咬牙坚持，反正总会过去的！"

富人就算是在最艰难的时候，也不会轻易让自己背上沉重的负债，因为还债会浪费自己许多的精力，而且他们通常在坚持之后都获得了巨大的成功。可是有些人却恰恰相反，只要有困难就开口借钱或向银行贷款，并且大多数时候只是为了买某些奢侈品，这样的人又怎么能成为富人呢？所以，在你向财富之路进发的时候，千万不要让负债将你压垮了。

4. 股神巴菲特的省钱高见
> > > > > > > >

股神巴菲特，在省钱方面有着自己独特的见解。他虽然坐拥亿万资产，但仍然住在几十年前买的小房子里，还是经常自己去商场购物，且每次都把商场给的优惠券收好，以便下次购物时使用。有人问他："你这么有钱，为什么还使用优惠券呢？这样做不过每天能节省一两美元，一生才能够节省多少？"巴菲特答道："省不了多少？你错了，这省下的可不少呢，足足有上亿美元呢。"

"一天省个一两块，能够省下一亿美元？"虽然巴菲特是股神，但那人还是怀疑。巴菲特分析道："每天省一两美元，从表面上看起来没有多少，但是如果我一直这样坚持，一生中我大约能省下5万美元。你不这样做，那么，假如我们其他收入一样多的话，我至少比你多出 5 万美元。更重要的是，我会将这 5 万美元用于我的投资，购买股票。根据过去几年来我平均投资股票获得的 18% 的收益率，这些钱每过 4 年就会翻一番，4 年后我就会有 10 万美元，40 年后将达到 5120 万美元，44 年后就超过了 1 亿美元，60 年后就超过 16 亿。如果你每天省下一两块钱，到时候你会拥有 16 亿，你会怎么做？"

懂得勤俭的人都会不断的积累财富，而不懂勤俭的人，即使家财万贯，他所拥有的财富也会慢慢消失的。

作为世界最大的零售企业，沃尔玛连锁超市的销售额年年都突飞猛进，这些都源于沃尔玛的"省"。在沃尔玛，从来不使用专门的复印纸，都是统一使用废纸的背面。公司规定所有复印纸（重要文件除外）都必须双面使用，违者将会受到处罚，就连沃尔玛的工作记录本，都是用废纸裁成的。

在沃尔玛的连锁店内，在经营区的某个小角落内，经常会有一个写有"总经办"3 个小字的办公室。那是一个宽 3 米、长 10 米左右、形状不规则的房间。最里面用文件柜隔出一个大约几平方米的区域，摆上一张桌子和一排文件柜，这就是总经理的办公处所，对面通常是常务副总的桌子。在文件柜的另一边，是其他人工作的地方。左右两边各有一排长长的桌子，2 个秘书，2 个行政部工作人员，还有 4 位副经理全都挤在这片狭长的空间内。办公区域的装修通常都是简陋至极，没有吊顶，办公室只用隔板隔开，这样做的惟一的目就是节约办公费用。

就连在沃尔玛公司的名称上，也同样体现了沃尔顿先生的节俭作风。通常而言，美国人大都比较习惯用创业者的姓氏来为企业命名。按说，沃尔玛本应叫"沃尔顿玛特"（Walton – Mart），但沃尔顿在为公司确定名字的时候，把制作霓虹灯、广告牌和电气照明的成本全都合计了一遍，他认为省掉"ton"三个字母能节约不少钱，于是就只保留下了"Walmart"七个字母。这七个字母，不仅成为了这所著名企业的名称，也是创业者节俭品德的最好见证。

曾有人问沃尔顿为什么能成为最富有的人，应该如何经营企业，他说："答案非常简单，因为我们珍视每 1 美元的价值。我们的存在是为顾客提供价值，这意味着除了提供优质服务之外，我们还必须为他们省钱。我们不能愚蠢地浪费掉任何 1 美元，因为那都出自我们顾客的钱包。每当我们为顾客节约了 1 美元时，那就使我们自己在竞争中领先了一步。这就是我们永远要做的。"

不难看出，沃尔玛公司之所以能够在激烈的市场竞争中成为大赢家，就是因为在这里上至领导，下至每一位员工，都在努力为企业省下每一分钱，从而成为了最后的赢家。世界船王包玉刚有一句名言，他说："在经营中，每节约一分钱，就会使利润增加一分钱，节约与利润是成正比的。"有一位在包玉刚身边服务多年的高级职员曾给予了他这样的评价："在我为他服务的日子里，他给我的办事指示都用手写的纸条传达。用来写这些纸条的白纸，都是纸质粗劣的薄纸，而且如果写一张一行的纸条，他会把写的字撕成一张长条子送出去，这样的话，一张信纸大小的白纸也可以写三四张'最高指示'。"

所以，不要对每天都节省一点钱的人表示嗤之以鼻的态度，因为那些"小钱"积累起来，就会成为"大钱"，会为你投资创业起到不可估量的作用。想要成为富人的每一个人，都要去学习富人省钱的方式，并付诸实际行动，这样才能成为最后的赢家。

5. 索罗斯怪论：1000 元的鞋子比 50 元的便宜
>>>>>>>>>

我们在买东西的时候，虽然有些东西价格很贵，却能为我们剩下不少钱。也许有很多人不理解，怎么越贵的东西反而越省钱？通过一个对世界 500 强富人的调查就能看出，问题是这样的：你会给你的皮鞋换底吗？结果在被调查的富翁中，有 72% 的人给出了肯定的答案。

因为，有钱人在买鞋子的时候，一般对价格都是不太在意的，他们更多看重的是鞋子的质量问题。金融大鳄索罗斯对此作出了精辟的分析，他说："1000美元的鞋子和50美元的鞋子，你觉得哪个更便宜？大多数人当然会选50美元的，而我要告诉你，1000美元的鞋子其实更便宜。"

这个听起来十分"荒谬"论调，索罗斯给出了这样的解释："我有一双意大利产的皮鞋，当初买的时候花了1000美元，现在已经穿了10多年了。这期间已经换过两次底了，但质量仍然很好，看上去像新的一样。我觉得我的这双皮鞋比我儿子50美元买的运动鞋要便宜得多。"

索罗斯算出了两种鞋子的成本。他的皮鞋当初买的时候花了1000美元，在10年中给它换过两次底，每次花费50美元。在10年中，他大约穿了2000天（当然不会每天都穿这双鞋）。为这双鞋付出的成本是1100美元，将1100美元在2000天中分摊，平均每天所需要的成本为55美分。而他儿子的鞋子平均在50美元左右，但他每年穿破（指坏了或者款式过时了）大概7双"耐克"或"阿迪达斯"，每双鞋子的寿命大约在40天至50天之间，成本约1.25美元至1美元。经过这样一分析，谁的鞋子比较划算，也就一目了然了。

索罗斯的分析确实有道理，我们不仅要看一些东西的价格，还要看看这个产品买回家后它的使用率、保管维修费、折旧率等。所以，你下次再买一些所谓最新款的时装之类的东西时，要先想一想他的分析，然后再决定你是否还要购买那些你穿过一回就放在衣柜里收藏的物件。

李欢和李乐是一对双胞胎，但是她们的性格却有很大的差异，所喜欢的东西不一样，就连消费观也存在很大的差异。父母都是国家公务员，家庭条件非常好。从上高中开始，父母就跟她们立下了一个口头约定，即每个月给她们同样的生活费，让她们自己去打理，看看到二十岁的时候谁能有十万元的存款，奖励是一辆跑车。

在爱车这一点上，双胞胎的口味却是一致的，所以毫不犹豫答应了。因为她们都知道父母每个月给的钱都是绰绰有余的，再加上压岁钱、奖学金之类的，粗略算了一下，都觉得可以完成目标。

到了二十岁的时候，只有李乐得到了奖励。李欢始终想不明白，李乐每次买的东西都是商场里的正牌货，那么昂贵，而自己却只去平价商店买东西，为什么会有那样大的差距？她甚至怀疑父母给李乐钱更多。

对此，李乐帮她分析道："虽然你每次买的都是便宜货，但是你买的多，几乎每个星期都会去逛街。我买的东西虽都很贵，但我一件夹克衫穿两年都和新的一样，而你买的便宜的针织衫最多只能穿一个月就变形了，然后你立马又去买新的。而且你每次觉得既好看又便宜，一下子就买好多件，有些直到现在都没穿过。就这样反反复复，你花的钱自然就比我多。"听完后，李欢认真分析并计算了一下，认为她确实说得有理，输得心服口服。

生活中像这样的例子多不胜数。有人觉得超值的东西一买一大堆，还觉得自己捡了大便宜，尤其是在商场打折促销的时候；但是那些聪明人在买之前都会仔细考量，宁愿买一样贵的、好的，也不愿买十样差的。结果前者一无所获，后者成了富人。所以，如果你也想成为有钱人，并且是一个喜欢胡乱购物不知节制的人，那么赶紧看一下你所购买的东西是否都是你需要的，然后分析一下索罗斯的"怪论"，并照着它去做，相信在不久的将来，你一定会体会到他这个怪论的神奇作用。

6. 富人的节俭观：不浪费就是致富
> > > > > > > >

早些时候流行一段调侃的歌词：我赚钱了，赚钱了，我都不知道怎么花，我左手一个诺基亚，右手一个摩托罗拉……我坐完奔驰开宝马，没事洗桑拿吃龙虾。我赚钱啦赚钱啦，光保姆就请了仨……我厕所墙上挂国画，倍儿像艺术家呀！

这就是穷人对富人生活的想象，穷人总以为富人的生活都是开着名车、住着豪宅，出手阔绰，甚至可以用纸醉金迷，奢侈豪华来形容。其实，很多富人，尤其是那些亿万富翁，并不如人们想象的那样，甚至相反，他们的专车并不豪华，穿着也很普通，奉行的简朴生活原则。

人们常说，越有钱的人越抠门，其实，这并不是抠门，对富人来说，浪费才是最可耻的，不浪费就是致富。而他们也正是靠着一点一滴的积累，方成就了自己的亿万身价。

有"米王"之称的唐学元，身家数亿，虽然有两辆私家车，但并不常用，每天上下班都是坚持做普通的巴士。就算去远一点的地方，他也会优选地铁。他曾说："香港的巴士又干净又漂亮，香港人有时候就是太挑剔了。"有一次，他去开会，为了节约几元钱的打的费，就不行绕过路口，到对面去搭车。

斥千万巨资在汕头兴建医院的吴宏丰，除了必要的应酬，平时都不去酒楼。"非典期间"，他到北京开会，一日三餐都是在路边小食店解决。他说自己喜欢北京的小吃，实际上，他是为了节省饭钱，而去"贪"路边小食店的便宜。

与越有钱越抠门，对应的一句话是，越穷越大方，俗称穷大方。越穷，越大方，越积累不起做生意的本金，挣到一点，就花掉一点，自然只能在穷人的圈子里继续转悠。

不信，看看我们周围的"穷人们"，不惜吃几个月方便面，也要买一个LV；不惜一个月的工资，也要买一件名牌上衣；不惜花掉半个月的生活费，也要呼朋唤友去高级餐厅搓一顿。每个月的工资，不到月底，就底儿朝天了，余下的日子，甚至还要靠借债度日。

他们一边大手大脚的花钱，一边抱怨自己的运气不好，金钱都不光顾自己。或者抱怨自己没有一个富爸爸，想做生意却苦于没有本钱。他们哪里知道，也许正是这个大手大脚的习惯害了自己。

张燕在一家美资公司工作，月入近万元，在北京算的上是高级白领了，可是她的日子并没有别人想象中的富足，而是越来越拮据。她工作的地点和住的地方都是闹市区，所以一有空就上街，看到喜欢的东西就止不住掏钱的欲望，结果工资卡上的钞票用不了多久就被刷卡机吃光了。换来的是，一堆用不完的化妆品和换不过来的衣服、饰品。

是的，我们之所以还不够富，很多时候并不是挣得太少，而是因为浪费的太多。

很多人也许会说，如果为了节俭，让自己去过苦行僧一样的日子，舍不得吃，舍不得穿，为了对得起短暂的生命，还是宁愿浪费着过日子。事实上，节俭没有想象的那么难和恐怖，如果你注意节俭的方式，也并不会影响到你生活的质量问题。

俗话说，省的就是赚的，而这个省并没有什么额度的限制。如果今天让你节省一块钱，不难吧？也许只需在买水的时候，把可口可乐换作矿泉水，或者把矿泉水变成你从家里带的一杯水。你还会发现，少花一元钱，比多挣一元钱要容易得多。

这就像在吃饭的时候，有些人总是习惯盛满满一碗米饭，最后却因吃不完要倒掉。而如果能在盛饭的时候就少盛一些，这就等于把以前要倒掉的那些米饭省了下来，而这样的节省要比饿肚子节省容易得多。节省金钱也是这样，我们需要的只是一些小小的技巧，把时间和金钱用在那些真正想要，并且物有所值的东西上，而不要浪费在没用的地方。

那么，具体有什么技巧呢？让我们一起来学习一下吧——

1、选择淡季旅游。如果你有出游计划，尽早提前订机票，要知道，现在的机票打起折来可能比火车票还便宜，只要早做打算便可让自己轻松省下一笔。如果时间允许，不妨在淡季旅游。季节和风景依然不错，但价钱却比长假期间便宜至少20%以上。

2、如果有可能，把所有的家电都换成节电型的。一个普通白炽灯泡1.5——3.5元，统一亮度的节能灯泡10元左右。如果按照每天使用6小时计算，节能灯泡就比普通灯泡节电70度，也就是35元。若考虑使用寿命，省钱能力更强。那些节能电冰箱，节能空调，节能洗衣机，节能马桶，可以依次类推，虽然买的时候价钱稍微偏贵，但是却能为你省掉更多的电费。哪个更划算，不用说你也知道了。

3、请客吃饭不要耍大牌，除非你真的是大牌。那么，与朋友小聚不如去经济实惠的小饭店，那些豪华的酒店不是你显气质的地方。如果条件允许，可以把朋友请到家里，这样你可以去超市买酒水，普通的啤酒也不过2.5元，而在酒店会卖到20元！

4、不要没事就去咖啡馆品情调，你完全可以在家里自制咖啡，也完全可以自制情调，放上自己喜欢的音乐，翻一本喜欢的杂志或者小说。

5、送礼的时候，不要只选贵的，意义比金钱的多少更值得珍藏。在必须要送贵重礼物的时候，比如好友或同事结婚、生孩子，找几个人和你一起送。

节省就是这么简单，如果你养成了习惯，会发现这还是一门学问，一门非常有趣的学问。你也会在节省的期间，总结出自己的节省小窍门，那么你就可以拿出来与朋友分享，同时收获分享的喜悦。

不要相信"钱是挣来的，不是省来的"之类的话，相信这个理论，就算你中了500万的大奖，也还是会回到曾经没钱的艰苦岁月。如果你每个月挣2000元，不节省的情况下，会欠债500元，节省的情况下还能剩余500元，那里外一计算，可不就等于多挣了1000吗？

省的都是挣的，而要节省一元钱，要比多挣一元钱容易的多。想想什么时候老板才会主动给你加工资呢？想想要付出多少，才敢向老板提出加薪请求呢？每个月要多挣一点钱是多么困难，而要省下一点，却相对容易的多，少出去吃一顿饭，少打一次车，就够。

偷

学

第十三章
chapter13

富人善学习，
不断增强自己的赚钱能力

1. 富人认为自我投资是最安全收益最大的赚钱方式

> > > > > > > >

美国前总统克林顿曾说过："在19世纪获得一小块土地，就是起家的本钱；而21世纪，人们最指望得到的赠品，再也不是土地，而是联邦政府的奖学金。因为他们知道，掌握知识就是掌握了一把开启未来大门的钥匙。"知识是获取财富的源头，富人们不管什么时候，都会想到投资自己，积累时间来吸收知识。但是有些人的做法却是，每个月只要一领到工资，首先想到的就是吃喝玩乐，以犒劳自己这一个月来的辛劳。这也是为什么这些人永远都只能过着打工生活的重要原因。

有一个年轻人，在自己的皮包事业上已经取得了巨大的成功。当他看到别人经营钻石获得了更多的财富之后，也有了经营钻石的念头，但是他又害怕失败。于是，就去请教一位钻石界的大亨。听完他的来意，那位大亨问了他一句："你知道澳大利亚海域有哪些热带鱼吗？"他不明白大亨的话是什么意思，心想这和钻石有什么关系？看到他沉默不语，大亨语重心长地说道："钻石生意是需要丰富的知识才可以做的。你对这颗钻石的来源、历史、种类和品质都不知道，就更不知道它的价值。而要知道这些判断钻石价值的基本经验和知识就要不断地学习和积累，至少需要20年。所有相关的知识你都要了解后，才可以真正培养出市场的眼光。"年轻人顿时惭愧不已。

要想经营一门你不熟悉的生意，首先要做的就是投资自己去学习相关的知识，否则就算拥有丰富的学识和财富，盲目去做也只能一败涂地。现在有很多人在找工作的时候屡屡碰壁，或者在工作中总是有许多无法解决的难题，自己懊恼得不行，还要受到老板的批评。为此，有的人主动寻找提升自己的办法，利用双休日的时间报培训班，巩固学习；有的人却只知道怨天尤人，却不知反省。

福特公司首席技术官路易斯·罗斯曾说过："在你的职业生涯中，知识就像牛奶一样是有保鲜期的。如果你不能不断地更新知识，那你的职业生涯便会快速衰落。"富人正是因为明白这个道理，所以才不断地投资自己。他们知道，只有不断充实自己的大脑，才能够成功地通往财富之路。

一个人要想在社会上立足，在公司立足，就必须主动学习知识。可能有人会说："我现在已经离开了学校，再没有人教我了，而且要忙着工作，哪里还有时间学习呢？"这样想就大错特错了。你完全可以少买一些奢侈品，把玩乐的时间拿来报一个周末培训班，同时你还可以经常逛逛书店，买几本对自己有用的书，这些都是提高自己的有效方法。

对于一个成功的人来说，知识就是力量，不懈怠的学习力才是百战百胜的利器。特别是在自己感觉不足的时候，业余进修、学以致用是一条捷径。不管是自己创业还是给人打工，只要你有不断学习的精神，你一定会得到意想不到的机会。

前微软中国区总裁吴士宏，并不是科班出身，她是通过高等教育自学英语考试，先进入了IBM。据说为了获得IBM的职位，硬着头皮说自己会打字，事后才开始狂练打字，由此过了基本技能关。之后，"拼上命，白天泡在客户那里，夜里学专业知识"，竟然获取了工程师的资格，就连当时微软的客户中国远洋集团，也夸她是"最懂技术的业务代表"。

真正的富人总是不忘投资自己。在他们眼中，昂贵的名牌衣服、令人羡慕的名贵轿车都比不上知识的效用，所以他们会将那些钱投资到有用的地方，比如出国深造，去上管理课，买书等等。这样，不仅没有浪费自己辛苦挣来的钱，让自己学到了更多的赚钱知识和本领，何乐而不为呢？

看到富人的做法，想发财的你还想继续挥霍自己每月本就不多的工资吗？还想继续过着"月光"、"卡债"一族吗？除非你想永远贫穷下去，否则要做的就是赶紧改掉这些陋习，将时间、精力和资金都投入到丰富自己的知识上。只有不断地让自己得到提升，才能掌握更多的知识；拥有了这些知识，你才能换取更多的财富。

2. 富人把知识看作是是赚钱最好的资本
> > > > > > > >

李嘉诚说："无论何种行业，你越拼搏，失败的可能性越大。但是你有知识，没有资金的话，小小的付出就能够有回报，并且很可能达到成功。"在现代社会，知识就是革命的本钱。做事业不仅需要一定的资金，还要具备一定的知识，因为没有知识做支撑，就算创业资金再雄厚，也是很难取得成功的。一个人获得财富的机会与自身的努力和创业资金是有关联的，但是知识却是其中最重要的一环。比如你想进军一个你不熟悉的行业，可是却对这个行业没有多少了解，那么最终迎接你的也只能是失败。

各行各业都有其特殊的专业知识，如果你不懂，创起业来只能两眼一抹黑；反之，如果你头脑中具备相关的知识，就算暂时没有过多的创业资金，只要你肯努力，总有一天会取得成功、获得财富的。

说起刘迎霞，人们想到的就是：大连理工大学的兼职教授、黑龙江省青联常委、黑龙江省工商业联合会副会长、黑龙江省政协委员……但有着好几个头衔的她，从来没有放弃过对知识的渴求。

除此之外，她还是黑龙江翔鹰集团的董事长，2006 年就位居胡润女富豪榜 21 位，身家人民币 10 亿元。她出生在哈尔滨，年轻漂亮，且有着硕士学历，是一个典型的"用知识创造财富"的女人。

刘迎霞 15 岁的时候就进了部队，在锻炼了几年之后，又考入齐齐哈尔东北重机学院继续深造。1992 年，她选择了下海经商，即使工作再忙，也从未停止过学习。百忙之中，她还攻读了哈尔滨工业大学硕士研究生，目前已有多篇学术论文发表。

刘迎霞清楚地认识到，漂亮的脸蛋并不能为自己的事业带来成功，所以她常说："当今的时代，企业的发展从主观上看，就是取决于企业领导人的自身素质。"所以，多年来，她养成了一个习惯：每到一个地方，都要去书店查询资料、购买书刊。在她的家里、公司里，摆满了成功企业经验、企业经营管理、用人策略、经济形势分析、票据证券等方面的书籍。她十分注重经济信息分析，也热心于企业发展战略研究。每次出差开会，她都不肯放过到当地优秀企业进行学习考察的机会。学习使她掌握了比较系统的专业理论、先进的管理经验、超前的经营知识，让原本就聪明伶俐、拥有过人胆识的她在商海中如鱼得水，财富倍增。

上学的时候，我们常说"落后就要挨打"。在商场上同样如此，如果你不能掌握最新最前沿的知识，就会在同类竞争者中处于不利的形势。知识和金钱是成正比的，要想在现实社会中尽可能少走弯路，少犯错误，那就要有丰富的阅历和广博的业务知识，这是人们能成功的根本保证，也是想要成功的人必须具备的基本素质。

也许很多人都听说过杨劲这个名字，她在1997年创办了东易日盛装饰，并将其打造成中国家装行业第一品牌，曾获得全国建筑装饰优秀企业家、2004年度中国百名杰出文化功勋人物、十佳进京创业青年、北京市优秀青年企业家、北京家装行业发展贡献奖等荣誉。

在艰难的创业过程中，她总结出来的一个重要经验就是"知识创造财富"。刚到北京的时候，杨劲觉得自己所学的知识实在有限，于是就报考了北大光华管理学院的企业管理专业研究生，以前的学习基础使她顺利地获得了录取，并成为了首批的MBA学员。在之后的三年里，她一边创业，一边进行研究生的学习生活。

这期间，她克服了很多的困难，坚持学完了全部的课程，最终以优异的成绩获得了企业管理硕士学位。慢慢地，她的公司越做越大，其学习目标也发生了转变，以前她注重的是博学，而公司发展到一定规模时，她发现自己的专业知识还需要加强，所以她又选择每月去上海的中欧国际商学院参加短训课程，尽管那期间自己公司的业务非常繁忙。接着，杨劲又进入了长江商学院的EMBA班学习，又一次开始了求学生涯……

杨劲说："学习贵在坚持。只要你愿意，一定可以挤出时间来学习。"平时无论多忙，她都会坚持读报，并及时获取各种信息。晚上临睡前她也会看看书，虽然时间不长，但每次总会有所收获。闲暇时，她也很喜欢逛书店，买一些好书来读。同时，杨劲还坚持每月向公司的管理层和员工推荐自己认为的好书，在公司建立起一种浓厚的学习氛围。不仅如此，公司的业绩也是蒸蒸日上，效益越来越好。

"知识就是力量"，现在看来不无道理。富人们越是在获得了大的成功之后，对知识的渴求就越是强烈。在现代竞争如此激烈的社会中，要想创业致富，光靠胆识和金钱是远远不够的，还需要不断扩充自己的知识，你知道和了解的知识越丰富，你在众多竞争者中站稳脚跟的机会就越大。

3. 富人善于学习别人的经验

> > > > > > > >

有一个日本人为了解美国竞争对手的情况，只身来到美国，并观察这个企业的情况。一天，该公司的总经理乘车外出，在门口把这个日本人的腿撞断。总经理非常内疚，想用钱补偿；日本人说，他没有工作，希望能在公司里做事，总经理一口答应下来。于是，这个日本人进入了该公司卧底，并学到了想要的东西。一年后，这个日本人突然消失，美国的技术出现在日本。

成功者都不是与生俱来的，他们除了自己不断地学习之外，还善于借鉴别人的经验。他们做成功者所做的事情，学习成功者的思考方法，然后运用到自己的身上，再以自己的风格呈现出来，加入自己的新方法创造出一套全新的成功经验，进行实际操作，必然会取得成功。

"股神"巴菲特在还没有确定自己的投资风格和交易体系的时候，其投资经历和所有没有成功的投资者的过程都是一样的。他做着同样的技术分析、打听内幕消息，整天泡在费城交易所看走势图表和找小道消息，而不是一开始就购买翻10多倍的可口可乐股票。但是如果巴菲特还是一直只靠技术分析、打听内幕消息，也许现在还只是一名和大家一样的小散户或者早已破产了。

巴菲特在投资的过程中，没有停下学习的脚步。他申请到跟随价值投资大师格雷厄姆学习的学位，1957年又亲自向知名投资专家费雪登门求教；在好友芒格的协助下，融合格雷厄姆和费雪两者投资体系的特长，开始形成了自己的"价值投资"的投资体系。在实战中，巴菲特不断地摸索，成为一代投资大师和世界首富。

成功学大师陈安之说："一定要跟成功的人学习，尤其是世界级的成功人物。你一定要学习成功的榜样，让自己进入成功的环境当中，跟着成功者学习。一个人要成功，有几个方法：（1）他必须帮成功者工作；（2）当他们开始成功的时候，也开始跟更成功的人合作；（3）当你越来越成功的时候，要找成功者来帮你工作。依照这三个方法，按部就班去做，你一定会非常地成功。"很多富人除了向身边成功的人学习之外，竞争对手也是他们学习的对象，而且常常在学习了对手的知识后，推出的新产品往往让对方措手不及。

1983年，美国通用汽车公司执行经理史密斯决定，将公司旗下坐落在加利福尼亚州费门托市的一家汽车工厂，与日本的丰田汽车公司合并，生产丰田牌轿车。当时，日本丰田汽车已经以其"物美价廉"的声名打进了美国市场。能与通用汽车公司合并，对丰田来说无疑是一件求之不得的好事，它就能更进一步地占领美国的汽车市场。在它看来，这个机会甚至可以吞掉通用这个"巨无霸"。因此美方建议一经提出，日方的人员、设备便跨洋过海来美国设置生产线。

当时美国汽车界早就对日本汽车入侵美洲大陆、抢占美国汽车王国地位反感至极，史密斯竟公然把日本公司堂而皇之地请到国内生产汽车，对他提出的这种"引狼入室"的愚蠢行径，遭到美国上下、尤其是汽车界人士纷纷发出的谴责和批评。

但史密斯自有他的打算和想法。他深入地了解到，美国汽车界之所以在日本汽车大举进攻之下失去还手之力，一个很重要的原因就是过去太轻敌了，对日本汽车售价低、性能好、省燃料的优点缺乏正确的认识和态度。等到日本汽车在美国被越来越多的消费者认可时，美国汽车界已经无能为力了。到了现在，日本汽车在各方面都有优势，如果不承认这一点只能说是固步自封，自寻死路。争取日本技术的帮助，增强自己产品的竞争实力，才是抢回市场的惟一正确出路。

通用与丰田的合并之举，表面看上去似乎有引狼入室的嫌疑，实际上则是把对手请到家里，了解对手，向对手学习，然后"青出于蓝而胜于蓝"，一举夺回霸主地位的高明之举。等丰田公司回过神来，才知道自己中了圈套。

徐鹤宁大学毕业后，只身一人带着 2000 元来广州创业。6 个月之后买了房子，一年后买宝马跑车。安东尼·罗宾曾为人刷过厕所，22 岁白手起家，25 岁住城堡、开直升机。有人问他们的成功之道，他们说，赚钱其实很简单，学习成功人士的经验是一个最快捷的方式。

所谓"三人行，必有我师"。善于向他人学习是很多成功者都经历过的事情，因为学习他人先进的经验和方式能够加快自己成功的速度。所以，如果你也想成为一名成功者，并且想要更快地达到自己的目的，那么向别人学习就显得尤为重要了。

4. 大量读书让巴菲特成为股神
——富人都有很好的读书习惯
> > > > > > > >

股神巴菲特这样概括他的日常工作："我的工作是阅读。"由此可见，他对阅读是多么重视。巴菲特阅读最多的是企业的财务报告："我阅读我所关注的公司年报，同时我也阅读它的竞争对手的年报，这些是我最主要的阅读材料"。除此之外，他还会阅读非常多的相关书籍和资料，并且进行调查研究，寻找年报后面隐藏的真相："我看待上市公司信息披露（大部分是不公开的）的态度，与我看待冰山一样（大部分隐藏在水面以下）。"

在 1999 年伯克希尔股东大会上，查理·芒格说："我认为，我和巴菲特从一些非常优秀的财经书籍和杂志中学习到的东西比其他渠道要多得多。我认为，没有大量的广泛阅读，你根本不可能成为一个真正的成功投资者"。由此可见，富人们都拥有很好的读书习惯，他们也因此获得了巨大的成功。

　　李嘉诚说："一个人只有不断填充新知识，才能适应日新月异的现代社会，不然你就会被那些拥有新知识的人所超越。"所以他一生都勤奋学习、博览群书，随时留意新科技和发明。也正因为他平时就酷爱读书，所以才在搜集有关塑胶方面的信息时，在英文版《塑胶》杂志上发现了塑胶花的发财路子，让他赢得了"塑胶花大王"的称号。

　　李嘉诚一次次把握住获取财富的机遇，看似得到了幸运之神的眷顾，事实上，在其背后，莫不是他对新知识孜孜不倦地追求。正如他自己所说："我们身处瞬息万变的社会中，全球迈向一体化，科技不断创新，先进的资讯系统制造新的财富、新的经济周期、生活及社会。我们必须掌握这些转变，应该求知、求创新，加强能力在稳健的基础上力求发展，居安思危。无论发展得多好，你时刻都要做好准备。财富源自知识，知识才是个人最宝贵的资产。"

　　李嘉诚坚信："今天的商场要以知识取胜，只有通过勤奋的学习才能通往人生新天地。"现在的李嘉诚虽然已拥有了足够他几辈子用的财富，但是，他依然没有养老退休的打算。他说："不读书，不掌握新知识，不提高自己的知识，资产照样可以靠吃'老本'潇潇洒洒过日子，是旧时代不少靠某种'机遇'发财致富的生意人的心态如今已经不可取了。"

　　美国前总统罗斯福的夫人曾说："我们必须让我们的年轻人养成读书的好习惯，这种习惯是一种宝物，这种宝物值得双手捧着，看着它，别把它丢掉。"我们不难发现，那些平日里爱读书的人都或多或少在一定程度上取得了成功。在这个知识主宰经济的时代里，要想发财，脑中空空的人是不可能让口袋鼓起来的。所以，想发财，先养成阅读的好习惯。

　　严峻是一名美术学院刚毕业的大学生，应聘到一家广告公司做设计，一年之后就成了广告总监，而且好多客户纷纷找他合作，工资也翻了了好多倍。这一切，都源于他爱阅读的好习惯。

　　从小，他除了画画，就是读书。他的阅读十分广泛，除了文学名著，广告类的书籍、建筑类的书籍，就连养生相关的书籍他也会看。这些好习惯，对他事业的成功起到了决定性的作用。

　　进入广告公司之后，起初他只是一个业务员，出去和客户谈业务的时候，他总是能够抓住对方的兴趣与对方进行讨论，比如某位客户喜欢命理方面的知识，他和人家谈得滔滔不绝；还有一位建筑公司的大老板，他不仅和他谈建筑，还给了他一些很好的建议。诸如此类的例子不胜枚举，所以每次他都能很轻易地拿到广告合约，为公司盈利。

不仅如此，因为很多客户都和他非常谈得来，私下里都成了好朋友。不久前，在这些朋友的帮助下，他成立了自己的工作室，有了这些优质人脉，生意自然不用愁。现在，严峻的房子换成了高级公寓，奥拓变成了奔驰，整个人都焕然一新，但是唯一没有变的就是他随时阅读的好习惯。

有些生意人会说："阅读有什么用呢？不仅浪费时间，还不能变出钱来，何必花那个功夫呢！还不如聊聊天划算。"拥有这样想法的人永远也不可能成为富人中的一员，这些愚蠢的想法只会禁锢住他们的思想，锁住他们的思维，永远得不到解放。你要是想成为富人的话，就跟着富人的良好习惯走，因为阅读不仅能丰富人的知识，还能为我们带来优质的人脉和大量的财富。所以，我们一定要养成阅读的好习惯。

5. 富人善于利用时间学习
> > > > > > > > >

《富爸爸，穷爸爸》的作者清崎和莱希特说："上天赐予每个人两样伟大的礼物：思想和时间。如何运用这两种礼物，全看你愿意怎样去做。随着每一美元流入你的手中，愚蠢地用掉它，你就选择了贫困；用在负债上，你就会进入中产阶层；投资于头脑，学习如何获取资产，财富将成为你的目标和你的未来。"那些成为了有钱人的成功者，不一定比别人工作更辛苦，但是他们一定会聪明的工作，善于利用时间就是一个关键的因素。

刘永好在刚刚下海时，当过教师的经验告诉他：人应该时刻把自己当成学生，去学习新知识，人唯有不断学习，才能不断成长。

刘永好说："肯学习其实是我们整个家族的一个共性，无论到哪里去，坐飞机、坐车，只要有闲暇时间，我们几乎都是在读书看报，每天晚上我们都会拿三个小时左右的时间去看书学习。"他认为自己最成功的地方，就是"把别人打高尔夫的时间用来学习"。不管是与别人谈话还是在接受采访的时候，他都会把自己认为对方说得有道理的话记在笔记本上。

1998年，新希望进入完全陌生的房地产业。学习就是最好的武器，刘永好坦称："房地产是我不熟悉的，作为一个战略投资者，我需要了解熟悉房地产市场，逐步弄懂它。所以那时，我把本来用于打高尔夫球的时间用来把握房地产市场，这是个挑战。"他把自己的时间一分为三：三分之一用来处理新希望集团内部关键性问题；三分之一跟一流人才打交道并建立各方关系；三分之一用来学习和研究企业发展问题。

他还专门成立了一个秘书班子，为他搜集各种信息。他说："对于一个有很大规模的企业来说，紧跟社会发展非常重要。而作为企业领袖应该不断去学习新东西，这样才能站得更高，才能更好地掌舵企业。"

著名的海军上将纳尔逊，曾发表过一项令全世界懒汉瞠目结舌的声明："我的成就归功于一点：我一生中从未浪费过一分钟。"有很多成功者在小时候因为家境贫寒，没有机会接受过多的教育，但也正是这些艰难困苦，让他们更加渴望知识。所以，即使他们身居高位，每天有忙不完的工作和应酬，也丝毫不会懈怠对知识的求索。因为他们明白，知识是他们获得财富的不竭动力。

江洋是从大山里走出来的有钱人。在那个贫瘠的山村里，人们除了劳作就是聊天休息，孩子们也没有上学，整天在外面玩耍。虽然生长在那样的环境中，江洋依然对知识充满了渴望。虽然他有很多东西都不懂，但是他有一个坚定的信念：不要再天天喝粥吃咸菜，不要到一趟镇上还要走十几里的山路。

所以，江洋央求父母给他买书，缠着村里的一个教书先生教他认字、学习。除了帮家里干活，其余时间他都在学习。在12岁那年，他被一个远方的表叔带到了城里，这下更坚定了他的发财梦。

当他知道城里有图书馆的时候，那儿就成了他的精神圣地，他开始读了《钢铁是怎样炼成的》、《简爱》等励志书籍。他从一名刷盘子的服务生到工地上的泥瓦工，再到工头，再到现在建筑公司的大老板，中间经历了数不清的苦难。但是不管他多累多忙，每天都会给自己划出看书的时间。

现在，他当上了大老板，实现了自己小小的愿望。办公桌上的书换成了《管理学》、《经济学》之类的书籍，每个周末他都会安排40分钟去听一堂管理课。从来没有人看他有空闲的时候，他的朋友甚至调侃他："不是在学习，就是在学习的路上！"

有一个很棒的医生，来找他看病的人趋之若鹜，即使他的费用比一般的医生高。后来有人问他为什么会取得成功，他说："因为我花了所有的休闲时间，不断地进修，不断地学习各种方法，只要我学到一种新方法，对我来说就是非常有价值。"很多人十有八九都在想着如何打发时间，而富人想的却是如何挤出时间来学习。所以，两者的人生结局也是截然相反的。

"学海无涯，永无止境"。这句话用在那些富人身上再合适不过了，他们总是孜孜以求，在贫穷的时候是如此，在成为富人之后也是如此。在富人们好不容易抽出时间来学习的时候，有些人却在大喊无聊。如果你不想让时间虚度，不想再过贫穷的日子，当务之急就是认真学习。只要你永不放弃对新知识的渴望，并努力付诸行动，总有一天你也会拥有成功的宝座。

6. 富人善于培养和提高自己的"财商"
> > > > > > > >

很多人在创业之初只顾努力打拼，无暇去整理自己的财富，认为挣的钱反正在那里又不会跑。但他们常常在整理的时候，发现口袋里并没有自己想象中那么多钱，而再想去学习理财，已经晚了。所以，如果有了做富人的志向，就一定要花时间去学习理财，这样才能对你的事业有所帮助。

浙江省民营企业协会秘书长潘立生说："老板再大也是凡人，凡是人就应该学习，学习是没有止境的。现代社会需要靠智慧、实力和知识赚钱，学习将是浙商发展的突破口。"学无止境对于再强的商人都是不例外的，因为大多数的富人都是以草根的身份白手起家的，而非经济学、管理学的高材生。所以在真正走上创业之路之后，财商对于一个商人来说是极其重要的。只有不断提高和培养自己的财商，才能将自己越挣越多的财富打理得妥妥当当。

2001年畅销书《穷爸爸富爸爸》一书中的富爸爸、穷爸爸都是聪明能干的人，但两人对金钱、财务、职业、事业的看法有所不同，最终决定一个终生为财务问题所困扰，而另一个身后留下了数千万美元的巨额财产，这就是财商高低导致的结果。所以，在成为富人之前，我们一定要先培养和提高自己的财商。那么究竟该如何做呢？

第一、建立自己的财务档案。

这个方法是提高财商的入门工作，也是理财的第一步。这样能使你的家庭财务清晰明了，遇到问题就不会急得像热锅上的蚂蚁。

财务档案可以从四个方面去做：首先是账本，记录好一切日常收支，以便发现消费误区；二是将所有贵重物品的发票、保修卡、说明书等收藏好，在遇到质量问题的时候能够得到很好的保障，挽回经济损失；三是将存折、股票、债券、保险等的原始资料记载入册，万一遭遇存单遗失或被盗时，可及时查验并挂失；四是保管好证件档案，如身份证、户口簿、房产证、从业资格证书等。

第二、随时记账，检查账本。

在记账的时候一定要核对账目，做好财产计价，对存单、证书等也要拿出来逐一盘点，以免遗漏丢失，保证数据准确。对收入和支出做好详细的分类账，而且要做到月末小结，年度作总结，每一笔小账都不能放过。千万不要嫌记账麻烦，它可以非常准确地检查出你的家庭收支是否健康，消费有没有存在误区，能够直接提高记账人的财商。而且时间长了，会让你对整个的收入和结余状况做到心中有数，以便你更好地合理支出，节省费用。

第三、学习理财。

财商里面的一些东西是不用学习的，但是还有一部分是需要学习的，比如金融知识和最新的理财技巧等。你可以通过看有关财经的电视、杂志、书刊等，还可以浏览相关网页，还可以向有理财知识的朋友请教，或参加一些理财方面的活动。不过在选择书刊杂志的时候，也要注意分辨真假，还要根据自己的所需去选购，这样你就会慢慢提高理财的认识。

第四、规划理财，在实践中提升财商。

当你已经搞清楚家庭财务状况，对金融市场也有了一定的了解之后，就应该为自己的家庭设计一套合适的理财计划了，从短期、中期和长期这三个方面去合理安排资产。如果自己能力有限，还可以请教相关专业人士。

等你将这些理财计划都学习透彻之后，就要积极参与到投资理财的实践中去，在实践中提高财商比任何"模拟"的学习的效果都要好。当然，刚刚开始进行投资理财时，最好启用家庭的闲置资金，投资一些风险比较低的理财产品，或在专家的指导下投资自己能够承担起的风险性理财产品。

值得注意的一点是，投资理财要根据自己的经济状况来改变，每次的改变也是对你财商的考验，也是让你的财商得到提升的最好方法。所以，你不能老是套用一种方法，一定要根据实际情况定期修改，这样才能让你的财商节节攀升。

7. 富人善于学习和总结别人失败的经验

> > > > > > > >

当我们仰仗那些处于事业顶峰的富人时，不知大家想过没有，这些富人之所以能够走向如今人生事业的顶峰，除了依靠自身的能力与知识之外，是否还有其它原因？

事实上，在通向成功的路途中，没有人能够一蹴而就。很多人都是在不断的失败和挫折中，适时的调整自己前进方向的。而大多数富翁之所以能够成功，正是因为他们懂得并善于学习和总结自己与他人失败的经验来弥补自身的不足。

阿里巴巴董事局主席兼首席执行官马云，曾经在郑州为3000多名年轻人讲述自己的创业经历时，曾经说过一句话："别人失败的创业经历是宝贵的，创业时，要多学习别人失败中的经验。"

年轻时候的马云没有上过名牌学校，小学才上过7年，参加重点中学考试并没有考上，为此毕业后没有任何一个中学肯接收他们，最后只得是教育局把他强制分配到了中学。而就是这样一个学习成绩不好的人，却创造出了如今的成就。马云说："最快乐的日子是在每月工资89元的时候，那时的我对生活有想法、有梦想、有目标，每天都会为下个月能否涨工资而努力。马云认为，失败的原因都是由欲望、贪欲引起，他告诉所有创业者，多花时间看别人如何失败，学习别人失败中的经验，成功的经历是瞎扯的。"马云认为，很多创业者都觉得自己的条件不具备，其实创业者最重要的是创造条件，创业者要坚信这事情能够做起来。

而当他说到创业经验的时候，他说"如果我创业成功了，我就到哈佛教学，如果失败了，我就到北大教学，创业成功没有秘诀可循，我唯一能做的就是把我的失败经验告诉中国的学生，让他们以我为鉴。"

《穷爸爸富爸爸》的作者罗伯特曾经有这样一种观点："如果你想寻求建议，一定要向已经在此领域中取得成功的人请教。这也体现了一种学习的观点，印证了一句话，成功必须站在巨人的肩膀上。"

美国曾经有一个叫罗伯特的人，用几年时间收集了7万多件"失败产品"，然后创办了一个"失败产品陈列室"，并一一配上了言简意赅的解说词。由于这一展览给人以真实深切的警示，开展后观者如潮，给罗伯特带来了滚滚的财富。

其实，我们大家都知道，学习通常有三种很好的方式：自学，听课，像他人请教经验。而其中向他人请教，无疑不是最好的方式。就好比致富，在自我研究中和打拼出来的致富之路，也许并不是十分完善和严整。因为其中有很多东西我们没有经历过，那么就会出现很多的漏洞。但是如若我们能够听取过来人的经验，吸取他们的知识，当我们在遇到类似的问题时，就能更轻巧的避开跨过，这不就更比我们自己经历而更省气力吗？

1982年的时候，本田在美国重型摩托车市场拥有40%的占有率，是哈雷最强劲的对手。因为骑摩托车的人都认为本田的摩托车不但价廉，而且比哈雷耐用好骑。

经过苦心研究本田的经验之后，哈雷终于发现问题的症结所在：本田和其零件供应商每天只生产一点点所需零件，而不是像美国那样每年只生产几次，每次就是一大批。零件得以"及时"生产，公司每年就可因无库存而节省数百万美元的利息，也没有零件因储存而耗损，既节省空间，又简化了整个工厂的作业。如果发现不良零件，通常也只生产了一两天，也容易更正。

五年以后，哈雷重整旗鼓，从日本本田所创造出的经验中找到了适合自己更好的生产方式。哈雷不光引进了本田的库存管理系统，而且还改变了员工的管理模式，仅仅在一年之内，哈雷便脱胎换骨。

是的，人生不可缺少的是胆量和智慧。有了勇气，有了智慧，人们才能根据有益的经验，从而更加小心地避开前方的错误。就像哈雷公司借鉴了本田摩托的经验，终于走上了复兴之路。如果哈雷没有去自己的对手本田那里参观，没有及时学习本田成功的经验，哈雷未必能够取得成功，即使成功了，花费的时间也一定比直接借鉴本田的经验要多得多。

人的一生其实就是在不断的总结和积累经验，如果我们能够不断的升华自己的经验，从别人那里找寻到更好的方法，找出阻碍自己的原因，跨过去，那么便是成功。